Ancient architectural detail CAD construction atlas

# 古建细部
## CAD 施工图集 ②

王 博　宋苗苗 ◎ 主编

栏杆　铺地　纹样　亭子

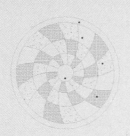

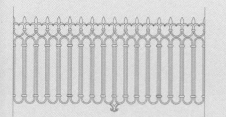

中国林业出版社

图书在版编目（CIP）数据

古建细部CAD施工图集. Ⅱ / 王博，宋苗苗主编. -- 北京：中国林业出版社，2016.5（2020.9重印）

ISBN 978-7-5038-8491-7

Ⅰ. ①古… Ⅱ. ①王… ②宋… Ⅲ. ①古建筑-细部设计-工程施工-图集 Ⅳ. ①TU746-64

中国版本图书馆CIP数据核字（2016）第082947号

## 本书编委会

| | |
|---|---|
| 主　编： | 王　博　宋苗苗 |
| 副主编： | 郭　超　杨仁钰　廖　炜 |
| 编委人员： | 郭　金　王　亮　文　侠　王秋红　苏秋艳　孙小勇　王月中　周艳晶 |
| | 黄　希　朱想玲　谢自新　谭冬容　邱　婷　欧纯云　郑兰萍　林仪平 |
| | 杜明珠　陈美金　韩　君　李伟华　欧建国　潘　毅 |
| 支持单位： | 北京筑邦园林景观工程有限公司 |
| | 北京久道景观设计有限责任公司 |
| | 原朴建筑园林设计工程有限公司 |
| | 《世界园林》杂志 |
| | 《新楼盘》杂志 |

中国林业出版社·建筑家居出版分社

责任编辑：李　顺　唐　杨

出版咨询：（010）83143569

---

出　版　中国林业出版社（100009 北京西城区德内大街刘海胡同7号）
网　站　https://www.forestry.gov.cn/lycb.html
印　刷　河北京平诚乾印刷有限公司
发　行　中国林业出版社
电　话　（010）83143500
版　次　2016年6月第1版
印　次　2020年9月第2次
开　本　889mm×1194mm 1/16
印　张　16.5
字　数　200千字
定　价　128.00元

---

源文件下载链接：https://pan.baidu.com/s/1stjPoL-aeUjUZL41ORPVGg
提取码：zas0

# 目录 Contents

| | |
|---|---|
| 绪论 | 004-005 |

## 第一章 栏杆　　　　　　　　006

- 【1】栏杆样式 …………………… 009-014
- 【2】栏杆纹样 …………………… 015-017
- 【3】栏杆尺寸 …………………… 018-029

## 第二章 铺地　　　　　　　　030

- 【1】门样式 ……………………… 073-089
- 【2】门饰 ………………………… 090-093
- 【3】门尺寸 ……………………… 094-109

## 第三章 纹样　　　　　　　　042

- 【1】横式组合纹样 ……………… 045-046
- 【2】竖式组合纹样 ……………… 047-047
- 【3】单体纹样 …………………… 048-055
- 【4】花鸟人物纹样 ……………… 056-059

## 第四章 亭子　　　　　　　　060

- 【1】圆亭 ………………………… 063-094
- 【2】方亭 ………………………… 095-164
- 【3】多边亭 ……………………… 165-251
- 【4】亭平面样式 ………………… 252-257

# 绪论 INTRODUCTION

中国悠久的历史创造了灿烂的古代文化，而古建筑便是其重要组成部分。中国古代涌现出许多建筑大师和建筑杰作，营造了许多传世的宫殿、陵墓、庙宇、园林、民宅。中国古代建筑不仅是我国现代建筑设计的借鉴，而且早已产生了世界性的影响，成为举世瞩目的文化遗产。从建筑类别上说，中国古建筑包括皇家宫殿、寺庙殿堂、宅居厅室、陵寝墓葬及园林建筑等。其中宫殿、寺庙、陵墓等都采用相近的建筑形式与总体布局方式即对称齐整，主次分明。以一条中轴线将个个封闭四合院落贯束起来，表现出封闭严谨含蓄的民族气质或可以说是地道的儒家风范。

## 一、中国古建筑结构及样式

中国古建筑从总体上说是以木结构为主，以砖、瓦、石为辅发展起来的。从建筑外观上看，每个建筑都由上、中、下三部分组成。上为屋顶，下为基座，中间为柱子、门窗和墙面。在柱子之上屋檐之下还有一种由木块纵横穿插，层层叠叠组合成的构件——斗拱，斗拱是东方建筑所特有的构件，它既可承托屋檐和屋内的梁与天花板，也具有较强的装饰效果（图1）。

中国古建筑的屋顶样式可有多种。分别代表着一定的等级；等级最高的是庑殿顶，特点是前后左右共四个坡面，交出五个脊，又称五脊殿或吴殿（图2）。这种屋顶只有帝王宫殿或赐建寺庙等方能使用；等级次于庑殿顶的是歇山顶，系前后左右四个坡面，在左右坡面上各有一个垂直面，故而交出九个脊，又称九脊殿，这种屋顶多用在建筑性质较为重要，体量较大的建筑上（图3）；等级再次的屋顶主要有悬山顶（只有前后两个坡面且左右两端挑出山墙之外）。硬山顶（亦是前后两个坡面但左右两端并不挑出山墙之外）。还有攒尖顶（所有坡面交出的脊均攒于一点）等。所有屋顶皆具有优美舒缓的屋面曲线。

## 二、中国古建筑木构架的类别

中国古建筑以木构架结构为主，此结构方式，由立柱、横梁及顺檩等主要构件组成。各构件之间的结点用榫卯相结合，构成了富有弹性的框架。中国古代木结构主要有二种形式：一是"穿斗式"，是用穿枋、柱子相穿通接斗而成，便于施工，最能抗震，但较难建成大形殿阁楼台，所以我国南方民居和较小的殿堂楼阁多采用这种形式；二是"抬梁式"（也称为叠梁式），即在柱上抬梁，梁上安柱（短柱），柱上又抬梁的结构方式。这种结构方式的特点是可以使建筑物的面阔和进深加大，以满足扩大室内空间的要求，成了大型宫殿、坛庙、寺观、王府、宅第等豪华壮丽建筑物所采取的主要结构形式。有些建筑物还采用了抬梁与穿斗相结合的形式，更为灵活多样。

"墙倒屋不塌"这一句中国民间俗语，充分表达了中国古建筑梁柱式结构体系的特点。由于这种结构主要以柱梁承重，墙壁只作间隔之用，并不承受上部屋顶的重量，因此墙壁的位置可以按所需室内空间的大小而安设，并可以随时按需要而改动。正因为墙壁不承重，墙壁上的门窗也可以按需要而开设，可大可小，可高可低，甚至可以开成空窗、敞厅或凉亭。

## 三、中国古建筑的特点

中国古代建筑以它优美柔和的轮廓和变化多样的形式而引人注意，令人赞赏。但是这样的外形不是任意造成的，而是适应内部结构的性能和实际用途的需要而产生的。如像那些亭亭如盖、飞檐翘角的大屋顶，即是为了排除雨水、遮阴纳阳的需要，适应内部结构的条件而形成的。在建筑物的主要部分柱子的处理上，一般是把排列的柱子上端做成柱头内倾，让

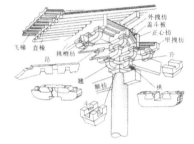

图1 斗拱基本构造

图2 庑殿顶基本构造

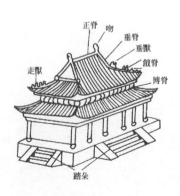

图3 歇山顶基本构造

柱脚外侧的"侧脚"呈现上小下大的形式，还把柱子的高度从中间向外逐渐加高，使之呈现出柱头外高内低的曲线形式。这些做法既解决了建筑物的稳定功能，又增加了建筑物外形的优美曲线，把实用与美观恰当地结合起来，可以说是适用与美观的统一佳例。

中国古建筑的平面、立面和屋顶的形式丰富多彩，有方形的、长方形的、三角形的、六角形的、八角形的、十二角形的、圆形的、半圆形的、日形的、月形的、桃形的、扇形的、梅花形，圆形、菱形相套的等等。屋顶的形式有平顶、坡顶、圆拱顶、尖顶等。坡顶中又分庑殿、歇山、悬山、硬山、攒尖、十字交叉等种类。还有的把几种不同的屋顶形式组合成复杂曲折、变化多端的新样式。

### 四、中国古代建筑的色彩

中国古代建筑的色彩非常丰富。有的色调鲜明，对比强烈，有的色调和谐，纯朴淡雅。建筑师根据不同需要和风俗习尚而选择施用。大凡宫殿、坛庙、寺观等建筑物多使用对比强烈，色调鲜明的色彩：红墙黄瓦（或其他颜色的瓦）衬托着绿树蓝天，再加上檐下的金碧彩画，使整个古建筑显得分外绚丽。在表现中国古建筑艺术的特征中，琉璃瓦和彩画是很重要的两个方面。

### 五、中国古建筑丰富的雕塑装饰

中国古建筑有着丰富的雕塑装饰。古建筑的雕塑一般分作两类，一类是在建筑物身上的，或雕刻在柱子、梁枋之上，或塑制在屋顶、梁头、柱子之上的。题材有人物、神佛故事、飞禽、走兽、花鸟、鱼虫等等，龙凤题材更被广泛采用。雕塑的材料根据建筑物本身的用材而定，有木有石，有砖有瓦，有金有银，有铜有铁。另一类是在建筑物里面或两旁或前后的雕塑，它们大多是脱离建筑物而存在的，是建筑的保藏物或附属物。建筑物内的雕塑多为佛、道寺院内的佛、道教内容。

### 六、中国古建筑与环境的配合

中国古建筑在建筑与环境的配合和协调方面有着很高的成就，有许多精辟的理论与成功的经验。古人不仅考虑建筑物内部环境主次之间、相互之间的配合与协调，而且也注意到它们与周围大自然环境的协调。中国古代建筑中有一种讲究阴阳五行的"堪舆"之学，也就是看风水之学，其中虽然夹杂了不少封建迷信的东西，但其中讲地形、风向、水文、地质等部分，还是很有参考价值的。特别是中国古代建筑设计师和工匠们，在进行规划设计和施工的时候，都十分注意周围的环境，对周围的山川形势、地理特点、气候条件、林木植被等，都要认真进行调查研究，务使建筑的布局、形式、色调、体量等与周围的环境相适应。

古建筑是社会发展的记忆，是历史的见证者，它承载着文化积淀。一旦损毁，文物本体及其承载的历史文化都将不复存在、总之，只有把古建筑保护好，维修好，让它们以其原有的面貌长久地保存下去，才能发挥"实物的史书"、"历史的年鉴"、"文化的载体"等作用。保护古建筑，让古建筑流芳千古，古为今用，为后人服务，这是我们每一个人应付的社会责任。

# 第1章 栏杆

- 【1】栏杆样式 .................................. 009-014
- 【2】栏杆纹样 .................................. 015-017
- 【3】栏杆尺寸 .................................. 018-029

# 中国古代建筑构件——栏杆

栏杆之所以成为中国建筑主要构件之一，原因就是台基和栏杆有着不可分割的关系，"栏"必然随着"台"而至，台基高了，便要做栏杆，台基形状和构图主要通过栏杆而表现。建造栏杆的意义在于可以拦住人，以防止人们在边缘处坠下。它既是一种安全设施，也是一种围挡设施。在单层的亭台、楼榭里也要设栏杆，这里的栏杆是一种通与隔的设施，不让人们往来之处要施用栏杆，主要起到围挡作用。

栏杆，宋时称勾阑或钩阑。最早使用的是木栏杆，石栏杆出现较晚。目前，所见最早的为隋朝建的安济桥和五代建造的南京栖霞寺舍利塔上的石栏杆，是仿木形式。石钩栏的构造和雕刻都是从木栏杆演变而来，后世的钩栏向单一化和标准化发展。明、清时代的钩栏只是在望柱之间嵌上一整块石雕栏板便算构成，望柱头多雕刻云纹，加工也比较简易。用整块石板仿同时代木栏杆的形式镂雕，称栏板；板间立石柱，称望柱。栏板、望柱间用榫连接，一般均衡地一板一柱相间。

宫殿须弥座台基边设石栏杆，每望柱下要加一外雕做龙头状排水口的石条，称"螭首"。个别重要建筑用石柱雕龙，也有的雕刻力士、仙人。石栏杆基本是仿木构造，宋、清官式建筑均有定型化的做法，只在望柱头上变化形式。但园林和民间建筑中石栏杆形式变化极多，不受木结构原型的限制。

## 一、沿革

栏杆中国古称阑干，也称勾阑。周代礼器座上有类似栏杆的构件。汉代以卧棂式栏杆为最多。六朝盛行钩片勾阑。栏杆转角立望柱或寻杖绞口造者，均可见于云冈石窟、敦煌壁画。元明清的木栏杆比较纤细，而石栏杆逐渐脱离木制栏杆的形制，趋向厚重。清末以后，西方古典比例、尺度和装饰的栏杆形式进入中国。现代栏杆的材料和造型更为多样。

## 二、形式

有漏空和实体两类。漏空的由立杆、扶手组成，有的加设横档或花饰部件。实体的是由栏板、扶手构成，也有局部漏空的。栏杆还可做成坐凳或靠背式的。栏杆的设计，应考虑安全、适用、美观、节省空间和施工方便等。

## 三、构造

建造栏杆的材料有木、石、混凝土、砖、瓦、竹、金属、有机玻璃和塑料等。栏杆的高度主要取决于使用对象和场所，一般高 900 毫米；幼儿园、小学楼梯栏杆还可建成双道扶手形式，分别供成人和儿童使用；在高险处可酌情加高。楼梯宽度超过 1.4 米时，应设双面栏杆扶手（靠墙一面设置靠墙扶手），大于 2.4 米时，须在中间加一道栏杆扶手。居住建筑中，栏杆不宜有过大空档或可攀登的横档。

## 四、作用

栏杆是桥梁和建筑上的安全设施，要求坚固，且要注意美观。从形式上看，栏杆可分为节间式与连续式两种。前者由立柱、扶手及横挡组成，扶手支撑于立柱上；后者具有连续的扶手，由扶手，栏杆柱及底座组成。常见种类有：木制栏杆、石栏杆、不锈钢栏杆、铸铁栏杆、铸造石栏杆、水泥栏杆、组合式栏杆。

栏杆在使用中起分隔、导向的作用，使被分割区域边界明确清晰，设计好的栏杆，很具装饰意义。一般低栏高 0.2～0.3 米，中栏 0.8～0.9 米，高栏 1.1～1.3 米。栏杆柱的间矩一般为 0.5～2 米。

### 五、分类

1. 铁栏杆　栏杆和基座相连接，有以下几种形式：A 插入式：将开脚扁铁、倒刺铁件等插入基座预留的孔穴中，用水泥砂浆或细石混凝土浆填实固结。B 焊接式：把栏杆立柱（或立杆）焊于基座中预埋的钢板、套管等铁件上。C 螺栓结合式：可用预埋螺丝母套接，或用板底螺帽栓紧贯穿基板的立杆。上述方法也适用于侧向斜撑式铁栏杆。

2. 钢筋混凝土栏杆　多用预制立杆，下端同基座插筋焊接或预埋铁件相连，上端同混凝土扶手中的钢筋相接，浇筑而成。

3. 木栏杆　以榫接为主。若为望柱，则应将柱底卯入楼梯斜梁，扶手再与望柱榫接。

4. 栏板式栏杆　可采用现浇或预制的钢筋混凝土板和钢丝网水泥板，也可用砖砌。室内的还可考虑使用钢化玻璃和有机玻璃等。

5. 扶手　多为木制的，常以木螺丝固定于立杆顶端的通长扁铁条上（木立杆时为榫接）。也可用金属焊接和螺钉固接或以金属作骨衬，饰以木质和塑料面层，或为混凝土浇筑、水磨石抹面等。断面形式和尺寸应根据功能需要。

栏杆样式【1】栏杆

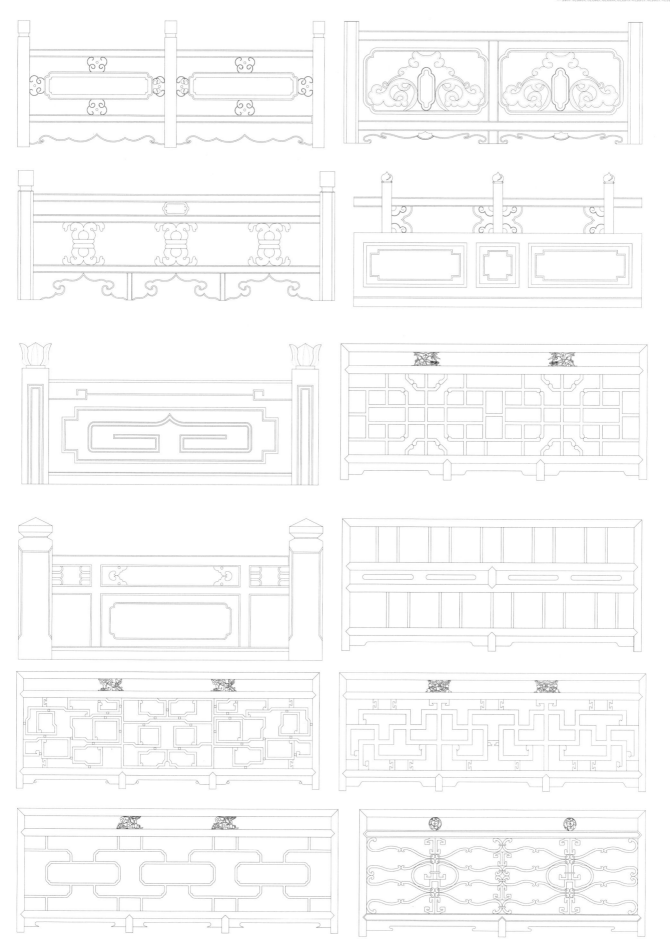

# 栏杆【1】栏杆样式

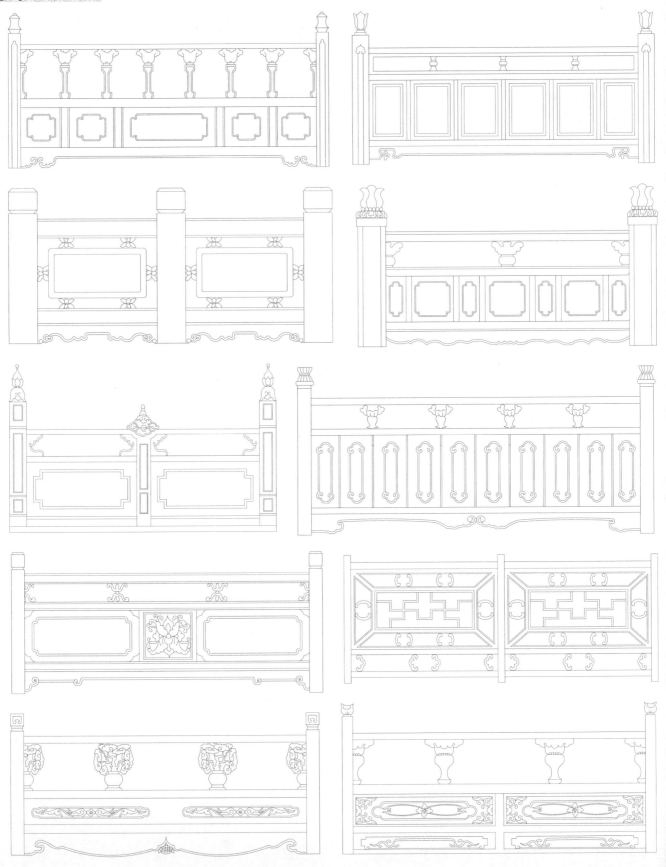

栏杆样式【1】栏杆

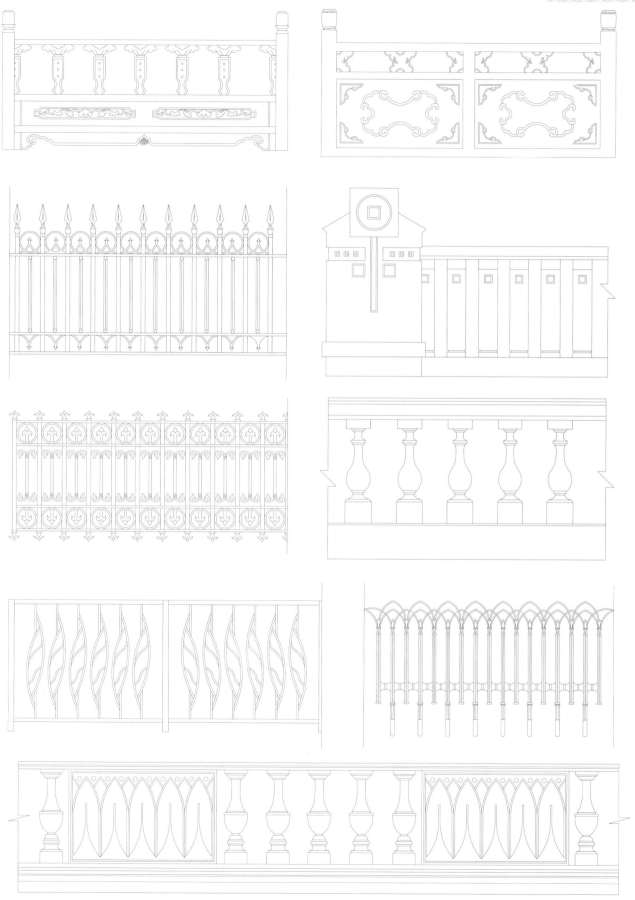

## 栏杆【1】栏杆样式

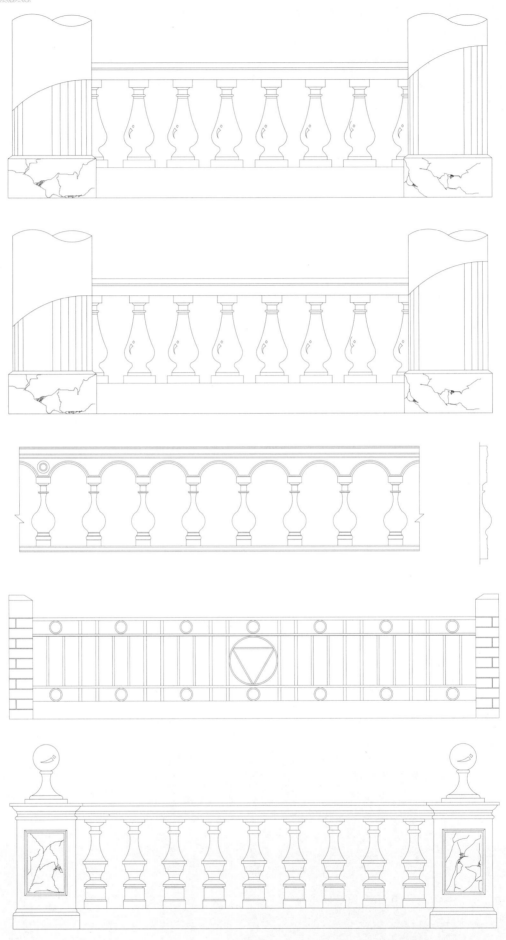

栏杆样式【1】栏杆

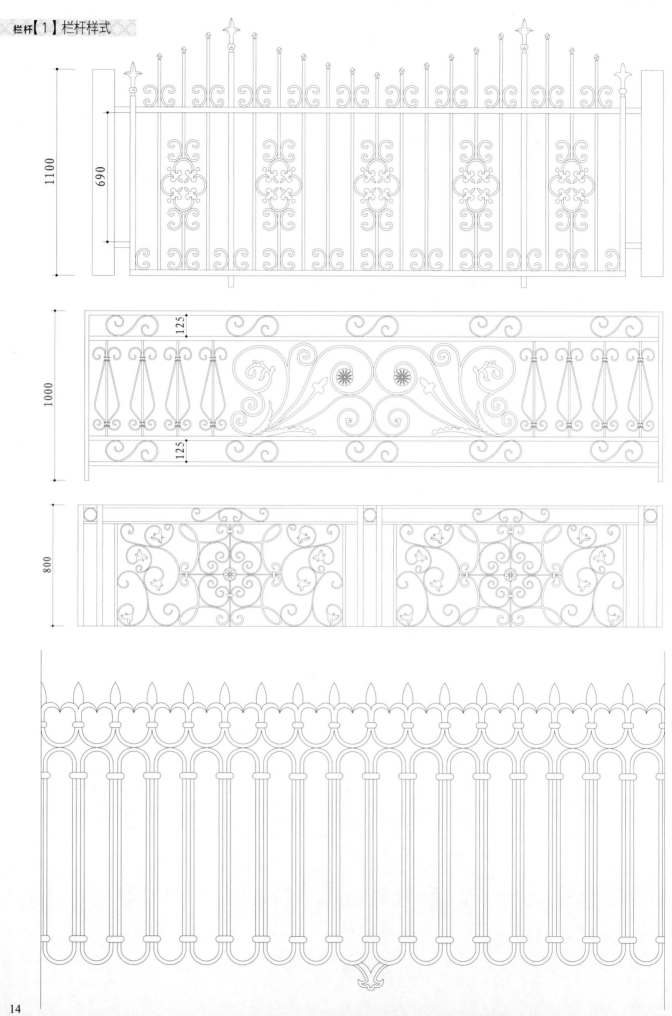

栏杆纹样【2】栏杆

15

栏杆【2】栏杆纹样

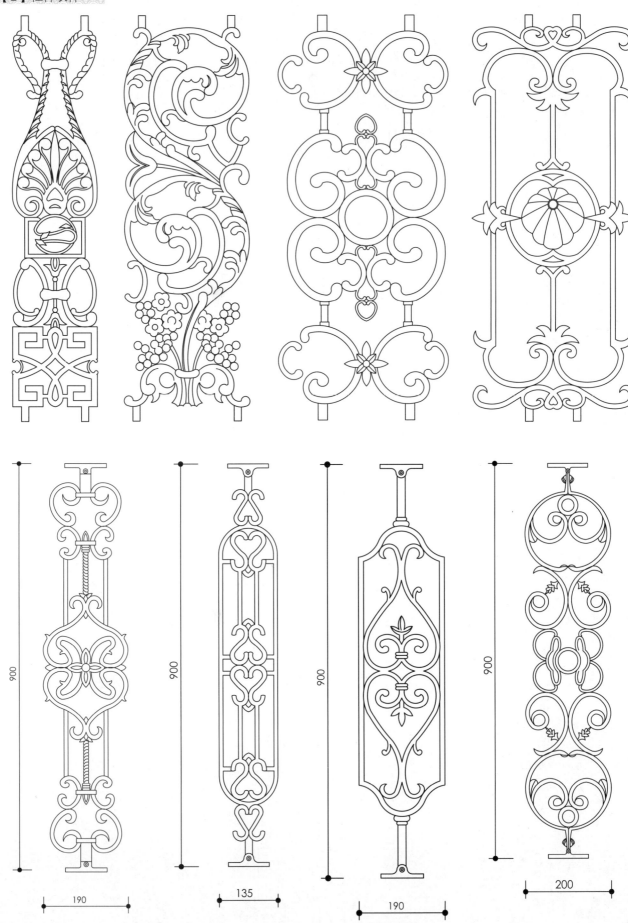

栏杆纹样【2】栏杆

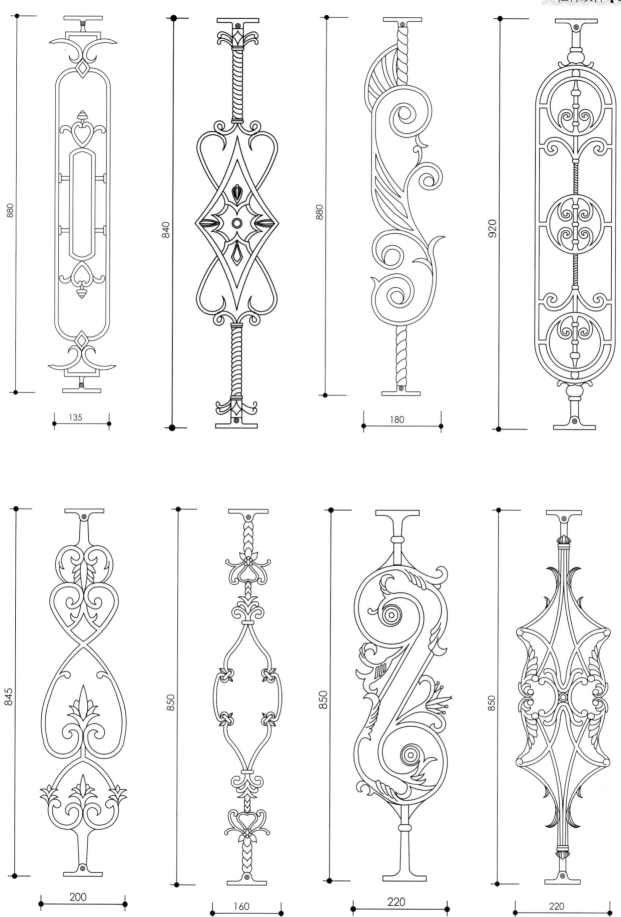

## 栏杆【3】栏杆尺寸

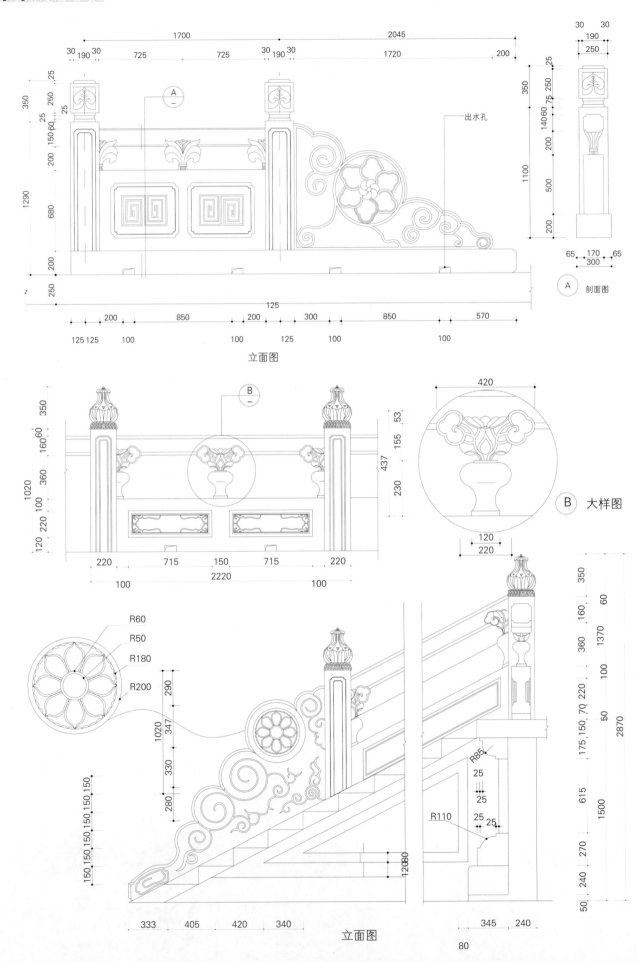

立面图　　A 剖面图　　B 大样图　　立面图

栏杆尺寸【3】栏杆

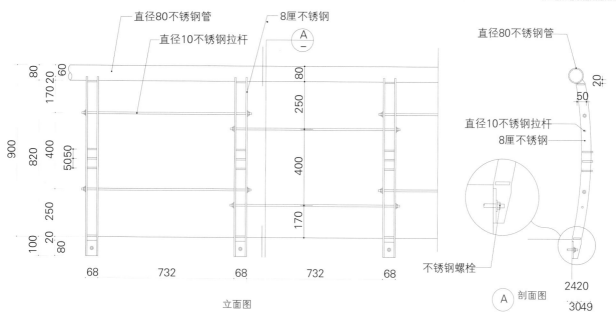

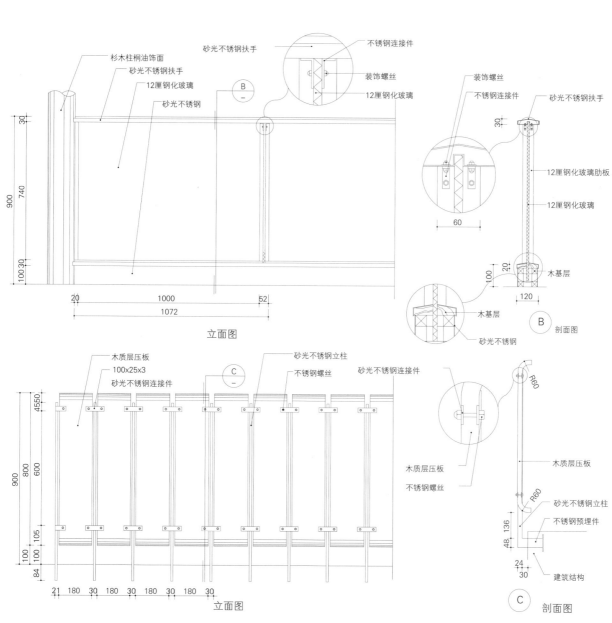

## 栏杆【3】栏杆尺寸

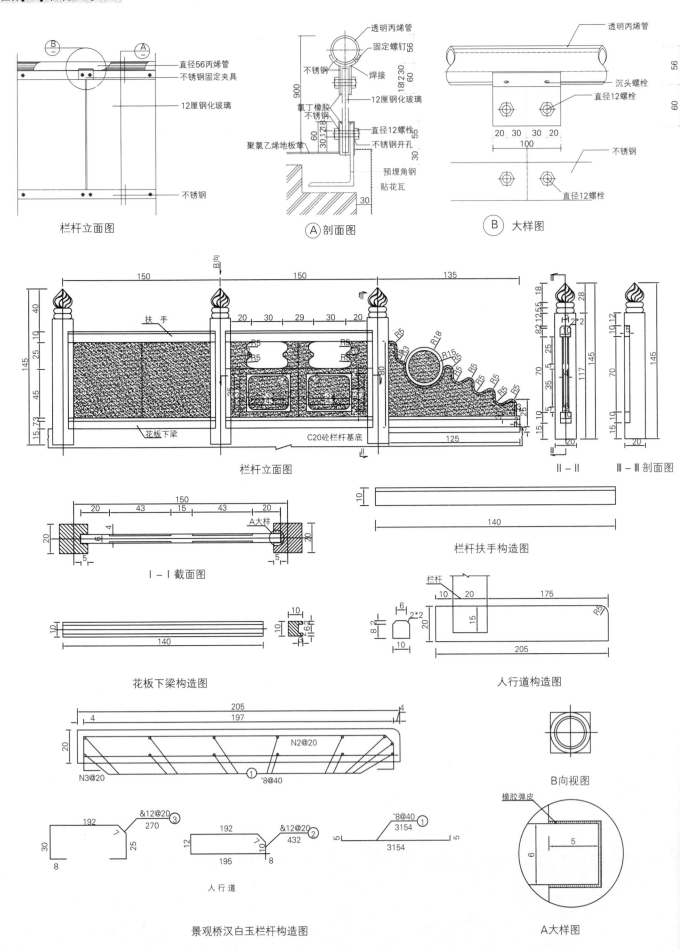

景观桥汉白玉栏杆构造图

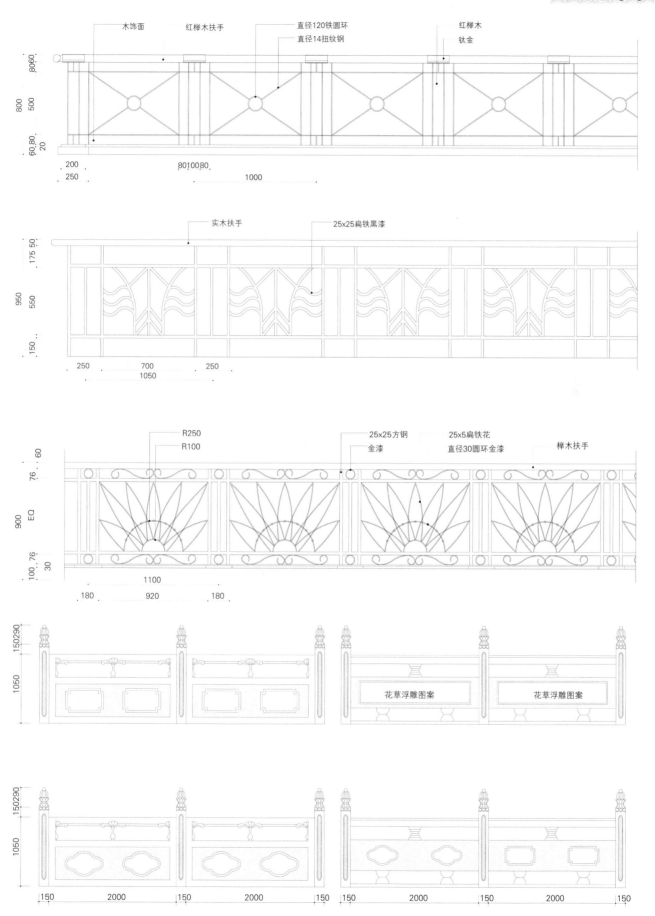

栏杆立面

## 栏杆【3】栏杆尺寸

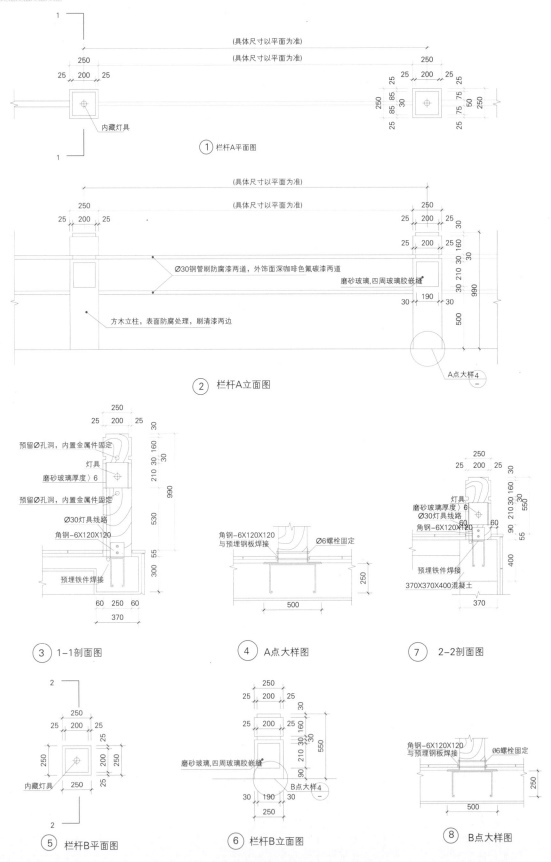

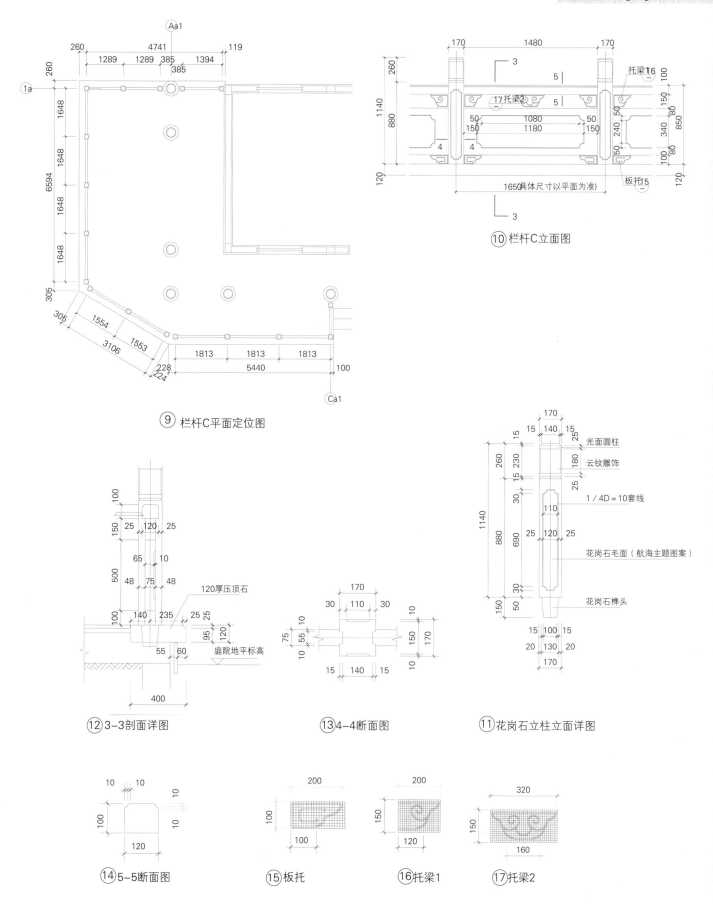

# 栏杆【3】栏杆尺寸

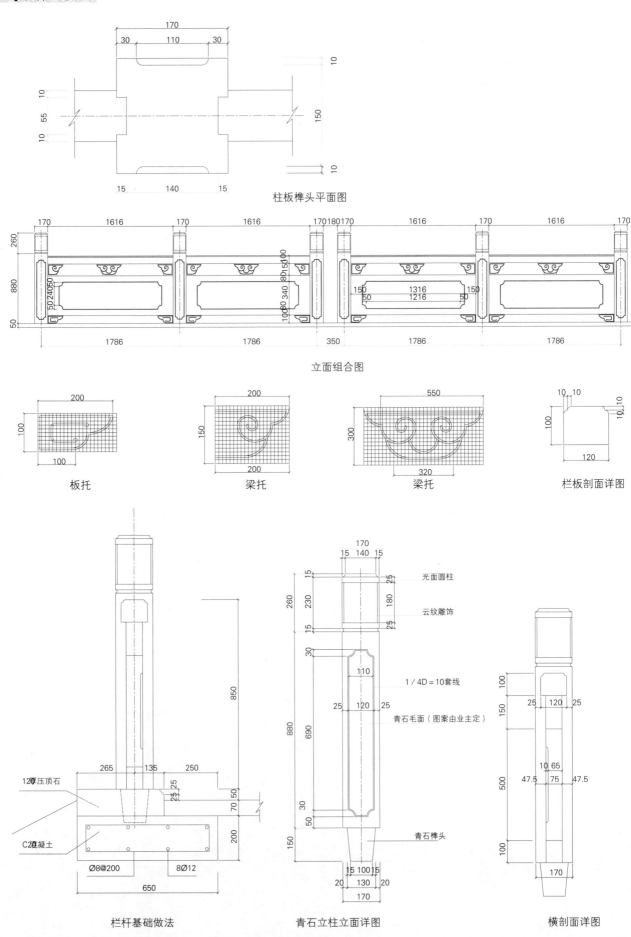

柱板榫头平面图

立面组合图

板托　梁托　梁托　栏板剖面详图

栏杆基础做法　青石立柱立面详图　横剖面详图

栏杆尺寸【3】栏杆

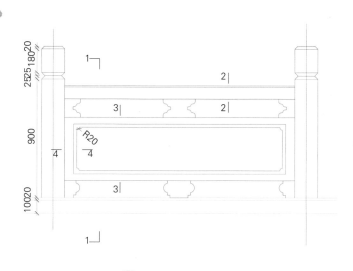

1-1 栏杆立面图

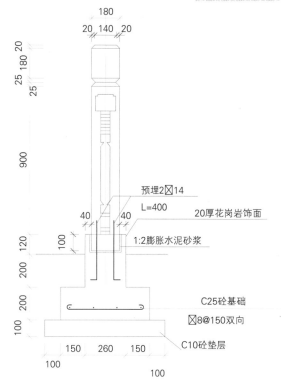

1-1 剖面

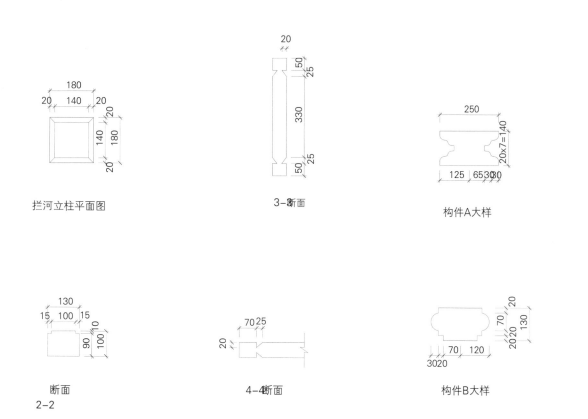

拦河立柱平面图　　　3-3断面　　　构件A大样

断面 2-2　　　4-4断面　　　构件B大样

## 栏杆【3】栏杆尺寸

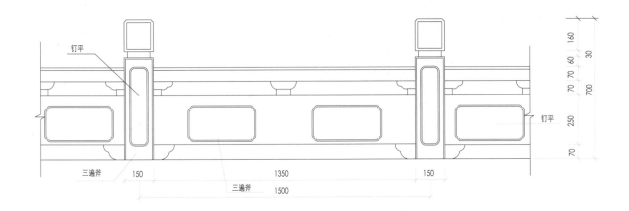

石栏立面方案

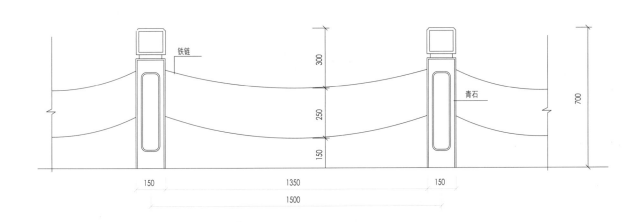

石栏立面方案

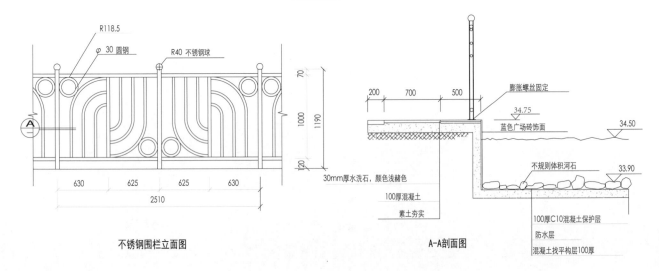

不锈钢围栏立面图　　　　　　A-A剖面图

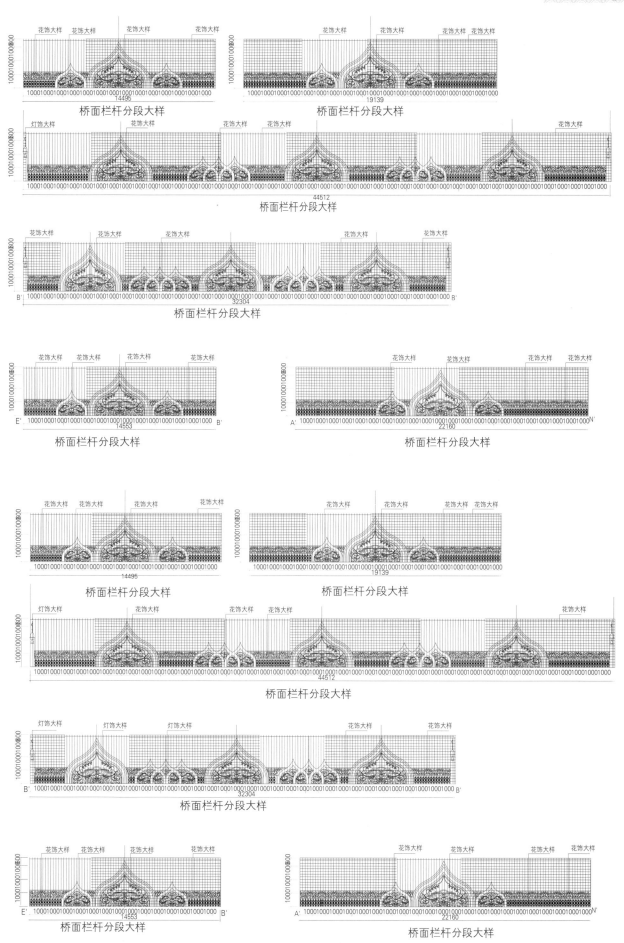

# 栏杆【3】栏杆尺寸

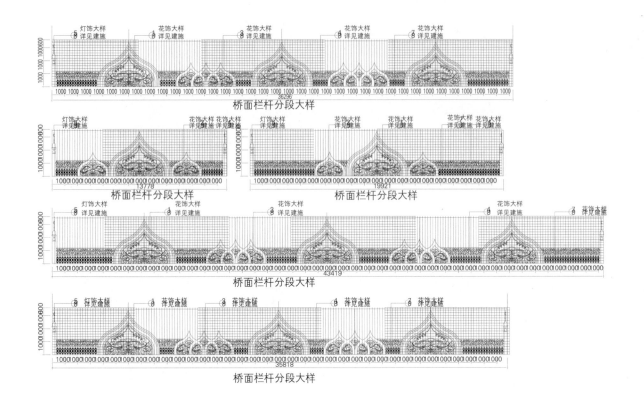

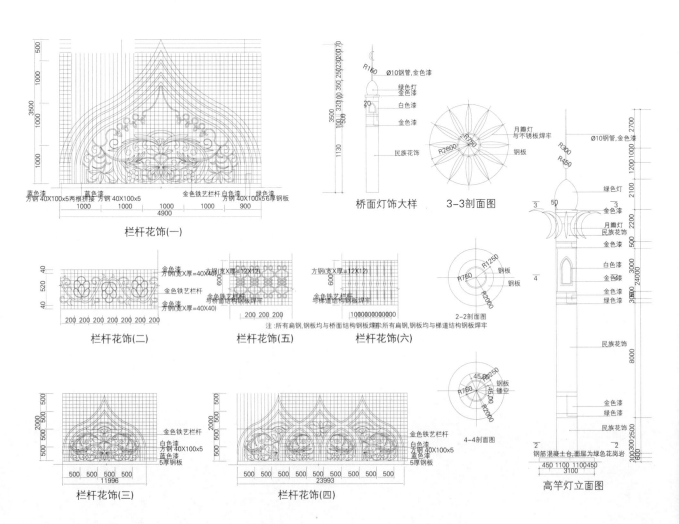

# 栏杆尺寸【3】栏杆

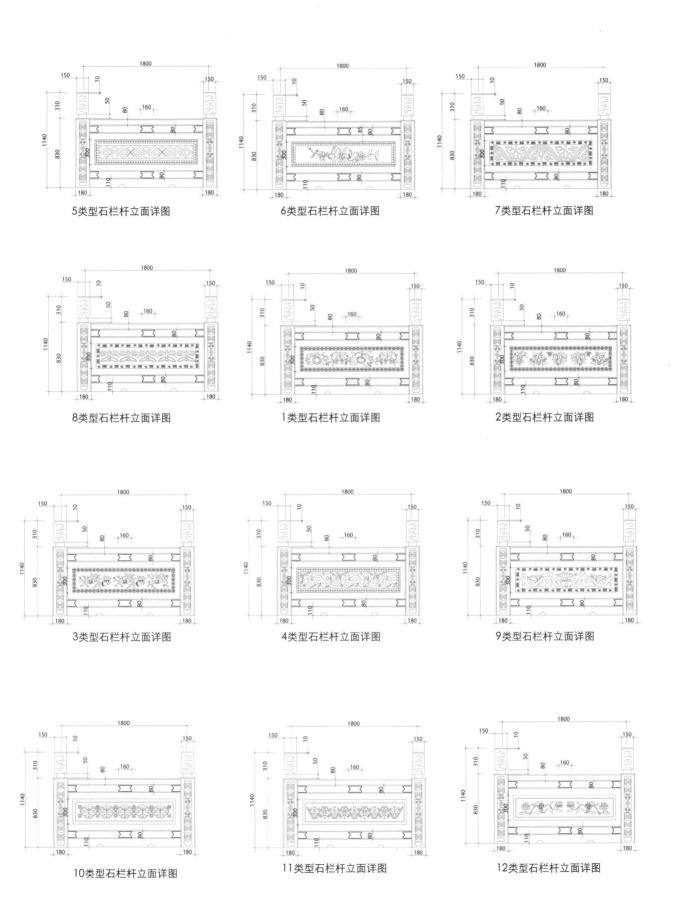

5类型石栏杆立面详图　　6类型石栏杆立面详图　　7类型石栏杆立面详图

8类型石栏杆立面详图　　1类型石栏杆立面详图　　2类型石栏杆立面详图

3类型石栏杆立面详图　　4类型石栏杆立面详图　　9类型石栏杆立面详图

10类型石栏杆立面详图　　11类型石栏杆立面详图　　12类型石栏杆立面详图

# 第11章 铺地

- 【1】铺地样式 .................................. 032–035
- 【2】铺地用材 .................................. 036–041

## 中国古代建筑构件——铺地

中国传统园林往往在游人活动较为频繁的地方都要对地面予以铺妆处理，这就是所谓的铺地。房舍的室内地面为了防潮及减少起沙，一般都要铺设水磨方砖。室外月台大多使用条石铺地取其平坦。而在园路、走廊、庭院、山坡蹬道等处为防止积水或风雨浸蚀则常以砖、瓦、条石、不规则的石版、卵石以及碎瓷、缸片等材料，或单独使用，或相互配合，组成丰富多彩的各种精美图案，极具装饰效果。

明清园林中的铺地充分发挥了匠人的智慧和想象力，创造出变幻无穷的铺地图案，其中以江南苏州一带最为著名，被称作花街铺地。常见的纹样有：完全用砖的席纹、人字、间方、斗纹等。砖石片与卵石混砌的六角、套六方、套八方等。砖瓦与卵石相嵌的海棠、十字灯景、冰裂纹等。以瓦与卵石相间的球门、套钱、芝花等，以及全用碎瓦的水浪纹等。还有用碎瓷、缸片、砖、石等镶嵌成寿字、鹤、鹿、狮键、博古、文房四宝，以及植物纹样的。其他地方的园林中各种形式的铺地也都有使用，但样式不如苏州地区丰富。明清时皇家苑囿在大量使用方砖、条石铺地的同时，受着江南园林的影响，也在园径两旁用卵石或碎石镶边，使之产生变化，形成主次分明、庄重而不失雅致的地面装饰。

铺地【1】铺地样式

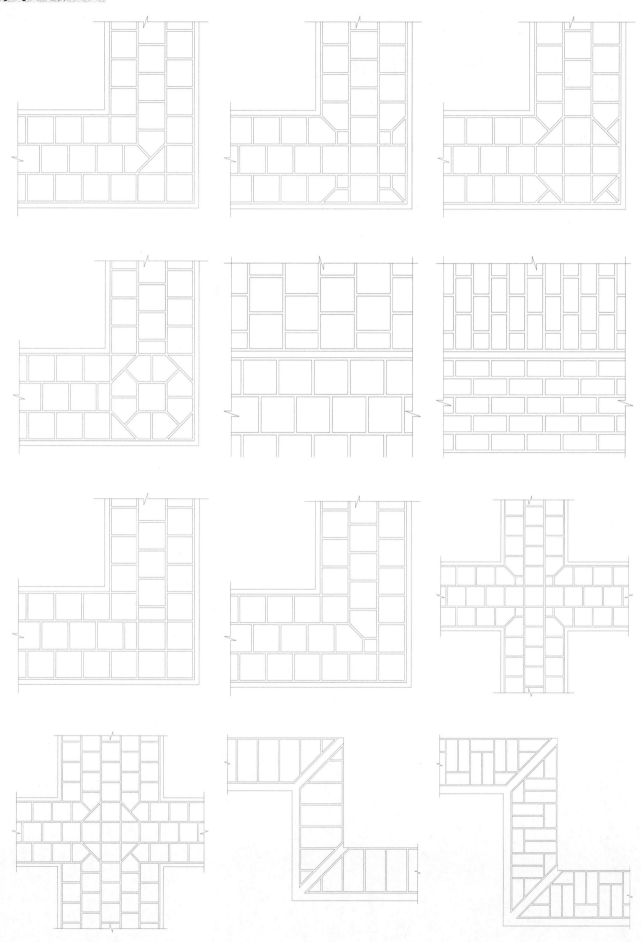

铺地样式【1】铺地

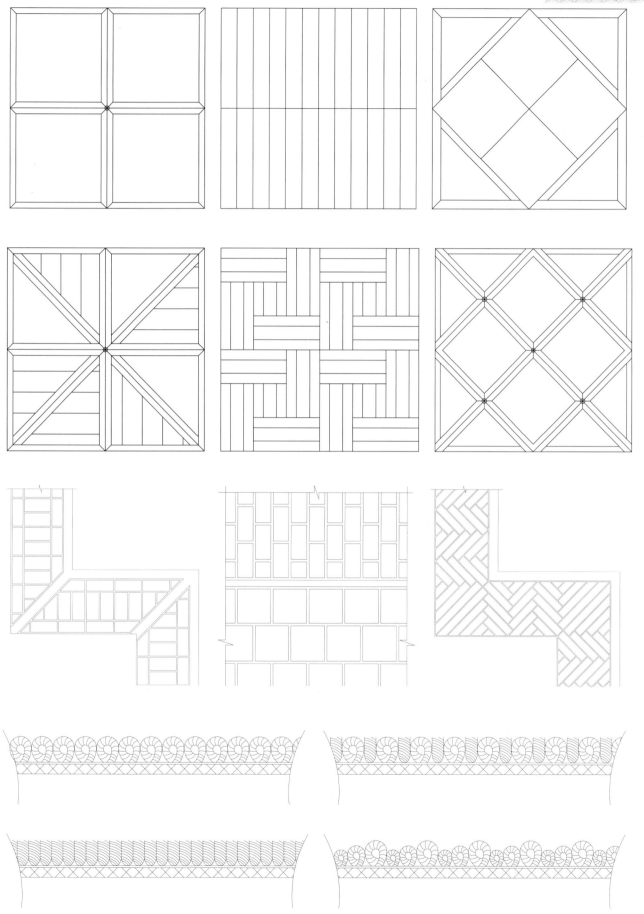

33

铺地【1】铺地样式

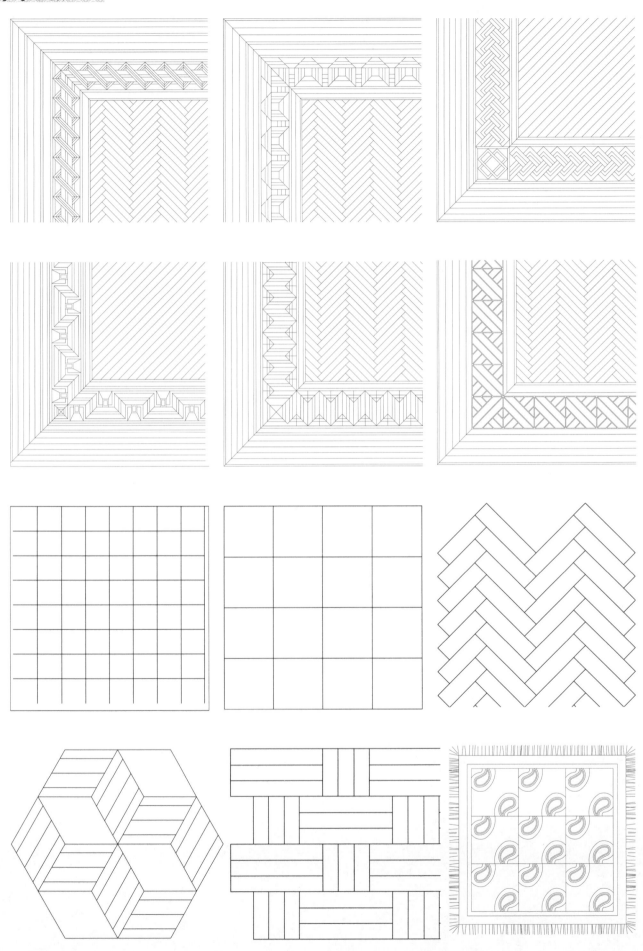

34

铺地样式【1】铺地

35

铺地用材【2】铺地

37

## 铺地【2】铺地用材

铺地用材【2】铺地

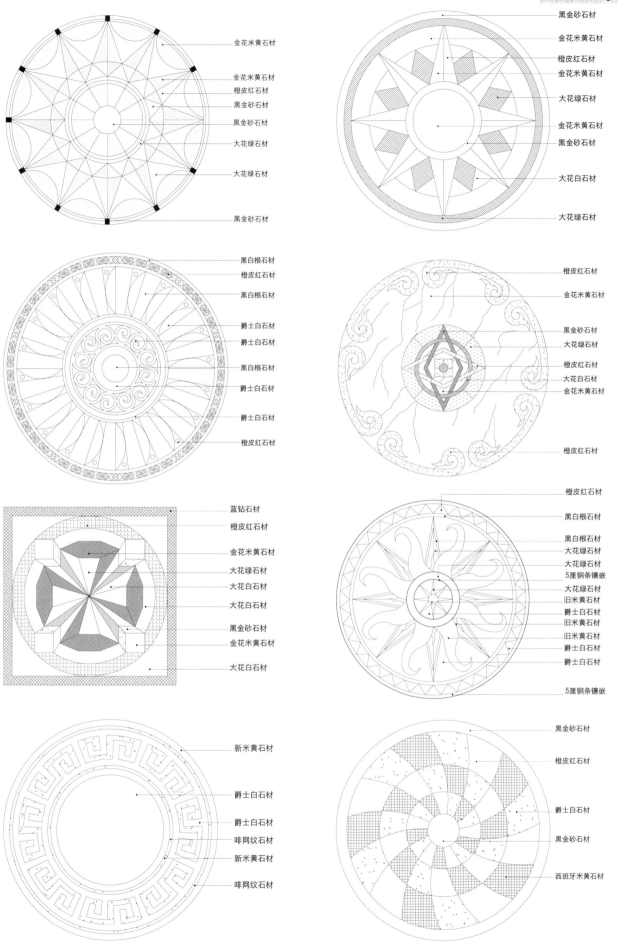

铺地【2】铺地用材

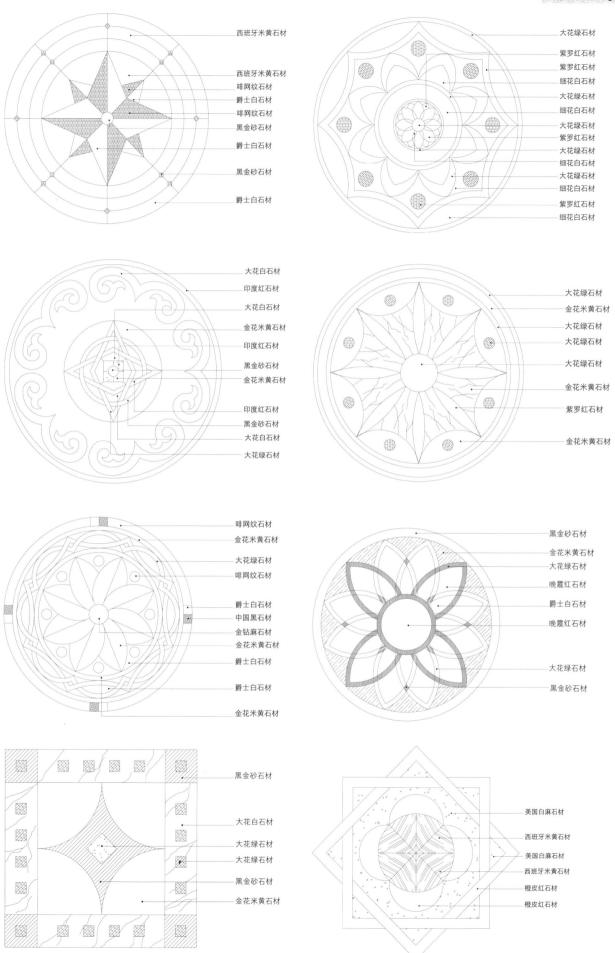

# 第11章 纹样

- 【1】横式组合纹样 ......................... 045-046
- 【2】竖式组合纹样 ......................... 047-047
- 【3】单体纹样 ............................. 048-055
- 【4】花鸟人物纹样 ......................... 056-059

## 古建筑的装饰纹样特点

在世界建筑发展史中，中国古代建筑以其鲜明的营造形式特点自成体系）而中国古代建筑装饰在这些以木构架为结构体系的单幢房屋和群体空间形态以及整体外观等特点中，起着重要的不可或缺的作用。绘画、雕刻、工艺美术的不同内容和工艺制作应用到建筑装饰中，极大地丰富和加强了古代建筑艺术的表现力。

中国古代工匠利用木构架结构的特点创造出庑殿、歇山、悬山、硬山和单檐、重檐等不同形式的屋顶，又在屋顶上塑造出鸱吻、宝顶、走兽等奇特的个体形象，同时还在形式单调的门窗上制造出千变万化的窗格花纹式样，在简单的梁、枋、柱和台阶上进行了巧妙的艺术加工，应用这些装饰手法锻造了中国古代建筑富有特征的外观。建筑装饰除了使房屋躯体具有了艺术的外观形象，更让建筑艺术具有了思想内涵和代表性。

### 一、中国古建筑的装饰特点

无论从帝王宫殿还是到普通百姓的农舍，从天花藻井、门窗格扇、门罩隔断到家具陈设等方面，装饰纹样与人们的生活习俗、审美观念、宗教意义都有很大的关联，从古建筑的屋顶、屋身到基座，各部分的装饰无论是简单加工的线脚，还是造型复杂的动植物形象，都出于房屋建筑各部位构件的需要，这些不是离开建筑构件而独立存在的，它们只是一种构件的外部形式，是一种经过艺术加工后，能够起到装饰作用的建筑构件，这是中国早期古建筑装饰最基本的特点。

屋顶装饰：中国古建筑屋顶是整座建筑的主要部分，通常在屋顶上有许多有趣的装饰。两个屋面相交形成的屋脊处做出的各种线脚形成了一种自然的装饰，在屋脊集中的结点处，做成动物、植物或几何图形，便成了各种式样的鸱吻和宝顶。

门窗装饰：古建筑的门窗是与人接触最多的部位，在它们身上自然集中地进行了多种装饰处理。常见的有宫殿、寺庙的大门上成排的门钉，中央还有一对兽面衔着的门环，门框的横面上有多角形或花瓣形的门簪，门框下面的石头上有时还雕刻着狮子等装饰。而暴露在基石外面的石礅则雕成圆鼓形的抱鼓石。古建筑的窗在没有使用玻璃之前，多用粉联纸糊裱或安装鱼鳞片等半透明的物质以遮挡风雨，因此需要较密集的窗格。对这种窗格加以美化就出现了菱纹，步步锦，各种动物、植物、人物组成的千姿百态的窗格花纹。为了保持整扇窗框的方整不变形，在窗框的横竖交接部分钉上有压制极富装饰性花纹的看叶与角叶。

台基装饰：在古建的台基四周通常有栏杆相围，栏杆有拦板、望柱和望柱下的排水口，经加工后，栏板和望柱上附加了浮雕装饰，望柱柱头做成各种动物、植物或几何形态，排水口雕刻成动物的螭头，使整座台基富有生气而不显笨拙。如北京的故宫和陕西临潼的华清池等古代园林建筑中都有这类的装饰。

木柱装饰：中国古建在设计中考虑到防潮防腐，在成排的木柱下方都垫放有被雕饰得精美的、各式各样的石柱础，有简单的线脚式、莲花瓣式和复杂的各种鼓形、兽形，有从单层的雕饰到多层的立雕、透雕，造型千变万化栩栩如生，如山西运城的关帝庙等古建。因此，有人形容，柱础在古建筑中是艺匠表现发挥其技艺的理想用武场所。

随着时间的推移和社会的飞速发展，人们的审美观念也随着时代的进步发生了根本的变化。中国古建筑上述的基本特点逐步淡化了，建筑上的一些构件也慢慢失去了它们原来的结构作用，而变为纯粹的、附加的装饰物。在古代建筑装饰里可以找到很多这样的例子，如原来只能排列在屋脊顶端筒瓦上的走兽形象，后来居然也能出现在屋面上）屋檐的挑出已经发展到不需要斜木的支撑，而原来由斜木加工而成的各式各样的牛腿、撑拱依然排列在屋檐下起着装饰作用。还有宫殿的大门，随着木工技术的不断进步已经不再需要铁钉加固，但原来的钉头却依然留在木板上，成排的门钉变为了一种失去结构作用的装饰纹样，后来将突出的门钉也简化由金色勾画在红门上的圆点，连门中央的兽面环也变成了平面的画像，纯粹成为一种图案装饰等：如西藏布达拉宫宫门上的装饰环和藏式民居的门环纹样等。这些例子说明，建筑上的构件一旦经过加工成了装饰，即使这些构件失去了结构作用，他们所具有的装饰作用也不会因此而消失。

### 二、中国古建筑的装饰内容

中国古建筑是木构架体系，很容易遭受雷击而发生火灾。据文献记载，历史上许多重要的宫殿都是这样被付之一炬的。在古代还不能科学地认识雷击这种自然现象，更无法提出防止雷击的科学方法的情况下，只能求之于巫术迷信，于是出现了、柏梁殿灾后，越巫言，海中有鱼虬，尾似鸱，激浪及降雨，遂作其像于屋，以压火样的情况。至今在一些画像石和明器上还可以见到这种早期的鸱尾现象，头在下，尾朝上，嘴衔着屋脊，真像是在吐水激浪。

在中国古建筑特别是宫殿的大门上，成排的门钉既是门结构的一部分，也是一种门上的装饰，这种门钉后来也被赋予了社会意义。而且还可以从不同门钉的数量上看出建筑的等级，以及除门钉数外，大门的颜色、门环的材料上区分等级，如从皇帝的宫殿大门到九品官的府门，依次为红漆金铜环、绿漆锡环、黑漆锡环、黑漆铁环，从色彩上分为红、绿、黑，从材料上分为铜、锡、铁，由高至低，等级分明，这可以说是专制社会的等级制度在建筑装饰中的真实反映。此外，在古建筑上经常出现的装饰纹样有龙、虎、凤、龟四神兽和狮子、麒麟、鹿、鹤、鸳鸯等动物。龙在古代属于神兽，代表皇帝，是帝王的象征。狮子性凶猛为兽中之王，成了威武力量的象征。古代早期的阴阳五行说，天上的天宫星象与地上的五方地象相配联，使龙、虎、凤、龟不仅成了四灵兽，而且还成了代表地上东西南北四方的神兽，成为古建装饰中常见的主题。

植物中的松、柏、桃、竹、梅、菊、兰、荷等花草树木也是古建中常见的装饰素材，所有这些装饰不仅在形象上具有一定的形式美感，而且古人还赋予它们一定的象征意义。诸如吉祥、富贵、高洁、长寿等。在古建中还能常见到将动植物等多种形象组合在一起的纹样，如植物中的松、动物中的鹤组合在一起寓意。松鹤长寿。牡丹和桃组合在一起，则象征着富贵长寿。如果是两只狮子在一起就表示"事事如意"等。除此之外，在古代建筑装饰中还出现了各式各样的器物图案，如琴、棋、书、画，以及山水、人物和各种代表人物的饰物，如笛子、宝剑、尺板、莲花、掌扇、道情筒、花篮、葫芦八件器物的装饰形象。古代艺术工匠惯用的手法还有把多种装饰组合成新的纹样，这就是无论花草藤蔓、水纹云气，都可能不受自然形态的束缚而任意摆放。千百年来作为中国古代建筑装饰题材的这些主要内容，始终具有很大的生命力。

我国古代工匠具有的富于浪漫主义的创作思想和娴熟高超的技艺。在中国古代建筑艺术中，装饰已经成为很重要的一个组织部分。古代建筑不仅从构造的实体上记录了当时的建筑技术与建筑艺术，同时也以众多的装饰形式记录了发生在这里的许多事件，在古代建筑装饰上凝聚了无数祖先辛勤的劳动和无穷的智慧，作为艺术发展的一种传承，它奠定了人类世代相传的文明％建筑装饰是古代历史，艺术与科学的载体，具有历史的、艺术的、科学的价值，其美学价值属于实用价值之中。因此，建筑装饰是中国传统美学中极其有价值的一个组成部分。

清式海棠盒箍头和玺番莲降龙梁枋彩画

清式二龙戏珠枋心彩画

清式海棠盒箍头升降龙和玺彩画

清式联珠箍头软卡枝花苏式园林建筑彩画

清式软卡枝花苏式园林建筑彩画

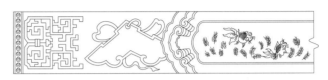
清式硬卡聚锦苏式园林建筑彩画

宋式宝相花枋心彩画

宋式龟背锦枋心彩画

宋式豹脚盒晕彩画

宋式海石榴枋心彩画

清式海棠盒箍头和玺金䑓辘藻头二龙戏珠枋心彩画

清式海棠盒箍头和玺金䑓辘枋心彩画

宋式海石榴枋心彩画

宋式海石榴枋心彩画

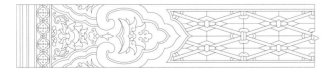
宋式锦枋心彩画

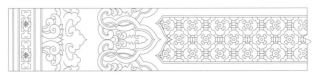
宋式玛瑙锦枋心彩画

## 纹样【1】横式组合纹样

宋式柿蒂盒彩画

宋式梭锦枋心彩画

宋式梭身盒子彩画

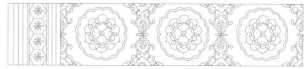
宋式团花宝照彩画

太平天国式福海寿山建筑彩画

太平天国式花蝶建筑彩画

太平天国式满堂福贵建筑彩画

云头梁枋垫板彩面

太平天国式寿比南山建筑彩画

旋子梁枋彩画

太平天国式双狮戏球建筑彩画

竖式组合纹样【2】纹样

行龙垫板彩画
锦地盒子吉祥草垫板彩画
子母草拐纹垫板彩画
清式海石榴梁枋垫板彩画

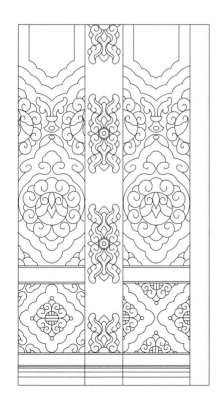
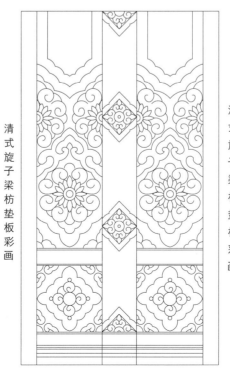

清式旋子梁枋垫板彩画
清式旋子梁枋垫板彩画
栀子花金钰辘博古垫板彩画

磬　笙

琴　画

棋　书

八瓣花圆椽头　八叶方椽头　如意四合方椽头

 如意云圆橡头

 四瓣花方橡头

 四瓣花方橡头

 四瓣花圆橡头

 四瓣花圆橡头

 四福齐至方橡头

 四福齐至方橡头

 四合云方橡头

 四合云圆橡头

 四花四叶圆橡头

 四吉祥草圆橡头

 四叶方橡头

纹样【3】单体纹样

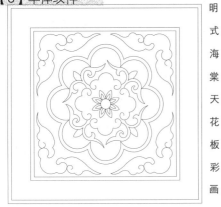
明式海棠天花板彩画

明式吉祥草天花板彩画

明式吉祥草天花板彩画

明式锦别子天花板彩画

明式菊花天花板彩画

明式牡丹天花板彩画

明式牡丹天花板彩画

明式如意牡丹天花板彩画

明式事事如意天花板彩画

明式团鹤天花板彩画

明式柿蒂盒子天花板彩画

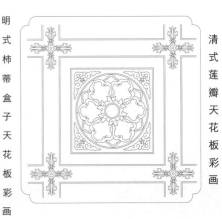
清式莲瓣天花板彩画

单体纹样【3】 纹样

清式升龙降凤天花板彩画

清式团凤天花板彩画

清式坐龙团天花板彩画

宋式海石榴天花板彩画

宋式团龙天花板彩画

清式团凤天花板彩画

单体纹样【3】 纹样

正吻

纹样【4】花鸟人物纹样

花鸟人物纹样【4】纹样

57

# 第四章 亭子

- 【1】圆亭 .......................... 063-094
- 【2】方亭 .......................... 095-164
- 【3】多边亭 ........................ 165-251
- 【4】亭平面样式 .................... 252-257

# 亭

亭是最能代表中国建筑特征的一种建筑形式，也是中国人最为喜闻乐见的一种建筑形式。一般说来，亭的体积虽不大，但是造型丰富，玲珑多姿，适应性极强。无论是在帝王之家，乡野市晓，还是在山间水际．几乎任何地方都能够见到它的身影，而且，亭还有诗情画意，具有独特的艺术魅力和十分深厚的文化内涵。或许可以说，亭是中国古典建筑艺术的一个缩影。

亭的应用十分广泛，在城镇乡村中，有路亭、街亭、桥亭，供人遮阳蔽雨，驻足小憩。在寺、观、庙、祠中，有钟鼓亭、献亭、祭亭，服务于宗教或是祭祀活动。在官衙府邸中，又有凉亭、戏亭、乐亭和井亭等等具有休闲娱乐功能和实用价值的亭。而在风景胜地和园林之中，更是因为有了各种各样的景亭作为点缀，而倍添景致。

### 一、中国亭的古典历史

四川青城山有亭二十余座，颐和园有亭四十余座．故宫御花园中的亭多达十二座，占全园建筑的四分之三，在拙政园和怡园中，亭也占了全园建筑的一半以上，苏州的畅园仅仅是由五个不同形式的亭组成，而只有一百多平方米的苏州残粒园，也是因为有了一座亭，才得以称其为园的。正所谓"无亭不成园"，"无亭不成景"，故古时园林亦称作"园亭"或是"亭园"。

亭的造型非常丰富，有方形、圆形、扇形、六角形、八角形等等，此外，还有许多其他特殊的形状和复合形式的亭。其造型之精巧，构思之奇特，亦每每令人为之惊叹。而建亭所选用的材料也是多种多样，木、竹、石、砖、瓦、草、琉璃、树皮等等一应俱全，可谓变化多端，形异而质殊。

亭的功能和形式几经变迁，从市亭、邮亭发展到观赏亭，它不仅具有一定的实用价值，更重要的是，它还具有"临观之美"，作为人与自然之间的中介空间，为人们提供了观赏自然、体察万象的场所。亭可使人神与物同游，进入"顿开尘外想，拟人画中行"的艺术境界，成了锦绣河山中富有生机的"点睛"之笔。亭的历史十分悠久，可以上溯至商周以前，历来，亭的使用十分普遍，是一种有着多种用途、实用性很强的建筑形象的总称。

### 二、亭的建筑造型

亭的建筑造型丰富生动，灵活多样。尽管它只是中国建筑体系中较小的一种建筑类型，但它却"殚土木之功，穷造型之巧"，不但在平面形式上追求变化，而且在屋顶做法和整体造型上，在亭与亭之间的组合关系上进行创造，产生了许多绚丽多姿、自由隽秀的形体。如果以有无围护结构装修为准绳的话，那么亭的造型就可以分为两大类：开敞的称"凉亭：装有福扇的称为'暖亭'。而从建筑形态的完整性来看，又可以分成"亭"和"半亭"。当然，总地来说，影响其造型的决定性因素，主要还是亭的平面形态和星顶形式，以及它们之间的组合变化。

亭的平面形态是中国古典建筑平面形式的集锦。它的平面形态，以一般建筑中常见的多种简单的几体形态为最多，如正方形、矩形、圆形、正六边形、正八边形、十字形、凸形等等。此外，尚有许多特殊的平面形式，如三角形、五角形、九角形，以及一些变形的几体形，如扁六角、扁八角、圭角形、扇面形、梅花形、海棠形等等。在一些较大的空间环境中，还经常运用两种以上的几何形态组合起来以增加体最，如方胜、双环、双六角形、三叉形等等。甚至在某些特殊情况下，还采用一些不规则的平面形式，以适应地形的需要。亭的平面形态真可谓是千变万化，没有固定的程式。

### 三、亭的用材

建筑是人们凭借一定材料建造出来的，而材料的特性，也必然会对建筑的造型风格产生影响。所以，亭的造型艺术，也在一定程度上取决于所选用的材料。由于各种材料性能的差异，不同材料建造的亭，就各自带有非常显著的不同特色，而同时，也必然受到所用材料特性的限制。

#### （一）木亭

中国建筑是木结构体系的建筑。所以亭也大多是木结构的。木构的亭，以木构架琉璃瓦顶和木构黛瓦顶两种形式最为常见。前者为皇家建筑和坛庙宗教建筑中所特有。富丽堂皇，色彩浓艳。而后者则是中国古典亭榭的主导，或质朴庄重，或典雅消逸，遍及大江南北，是中国古典亭的代表形式。此外，木结构的亭，也有做成片石顶、铁皮顶和灰土顶的，不过一般比较少见，属于较为特殊的形制。

#### （二）石亭

石亭结构的形式突出石材的特性，构造方法也相应地简化，造型质朴、厚重，细部简单。有些石亭，甚至简单到只用四根石柱顶起一个石质的亭盖。这种石块砌筑的亭，简洁古朴，表现了一种坚实、粗犷的风貌。然而，有些石亭，为了追求错彩镂金、细节华丽的效果，仍然以石仿木雕刻斗拱、挂落，屋顶用石板做成歇山、方攒尖和六角攒尖等等。南方的一些石亭还做成重格，甚至达到四层重，镂刻精致，富有江南轻巧而不滞重的特点。

#### （三）砖亭

砖亭往往有厚重的砖墙，如明清陵墓中所用。但它们仍是木结构的亭，砖墙只不过是用以保护梁、柱及碑身，并借以产生一种庄重、静穆的气氛，而不起结构承重作用。北海团城上的玉瓮亭和安徽滁县琅邢山的怡亭．就是全部用砖建造起来的砖亭，与木构亭相比，造型别致。颇具特色。

#### （四）茅亭

茅亭是各类亭的鼻祖，源于现实生活，山间路旁歇息避雨的休息棚、水车棚等，即是茅亭的原形。此类亭，多用原木稍事加工以为梁柱，或滩茅草，或盖树皮，一派天然情趣。由于它保留着自然本色。颇具山野林泉之意，所以备受清高风雅之士赏识。

#### （五）竹亭

竹亭用竹作亭，唐代已有。由于竹不耐久，存留时间短．所以遗留下来的竹亭极少。现在的竹亭，多用绑扎辅以钉、铆的方法建造。而有些竹亭，梁、柱等结构构件仍用木材，外包竹片，以仿竹，其饮坐凳、椽、瓦则全部用竹制做，既坚固，又便于修护。 竹，不仅是一种非常好的建筑材料，而且挺拔秀丽、高雅柔美，和松一样四季苍翠，和梅一样傲雪耐霜，质朴无华，高风亮节，历来为人们所称道讴歌，足见竹亭应用之广。

# 圆亭【1】亭子

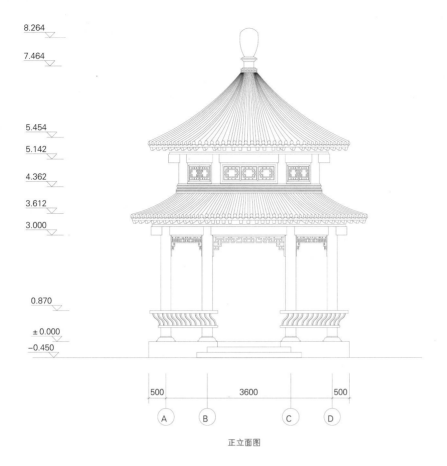

正立面图

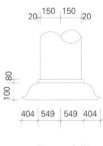

柱顶石大样图

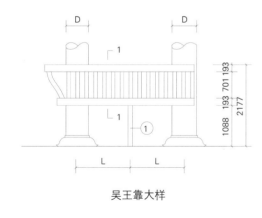

吴王靠大样

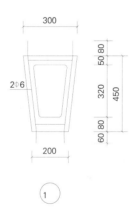

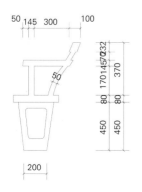

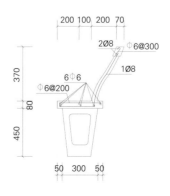

## 亭子【1】圆亭

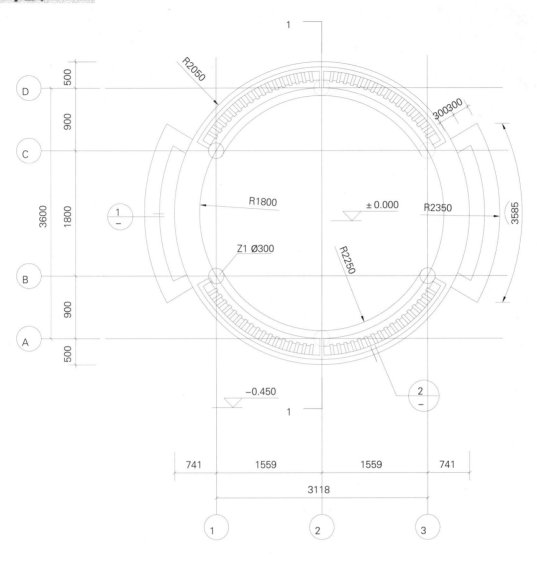

圆亭平面图

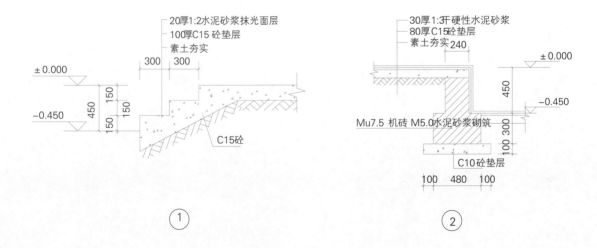

圆亭【1】亭子

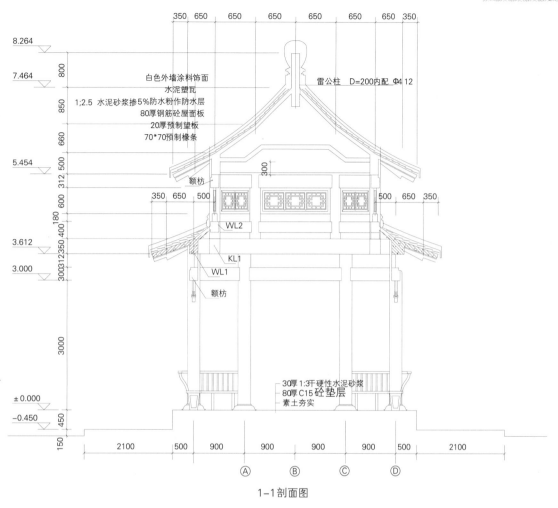

1-1剖面图

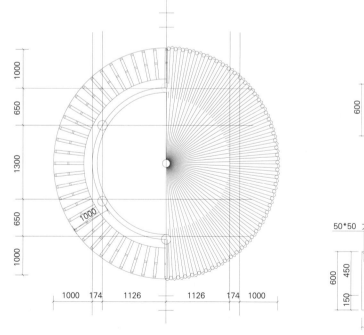

上层屋面仰、俯视图

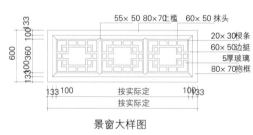

景窗大样图

挂落立面图

# 亭子【1】圆亭

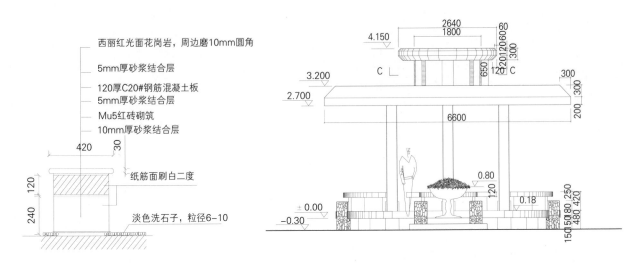

1-1剖面

组合亭正立面

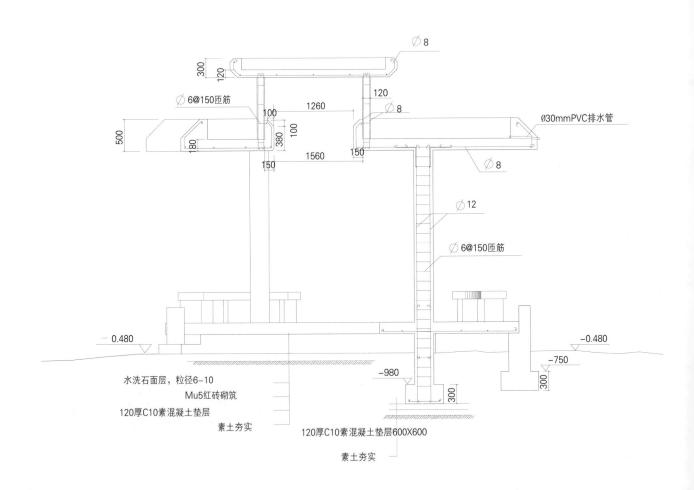

A-A剖面

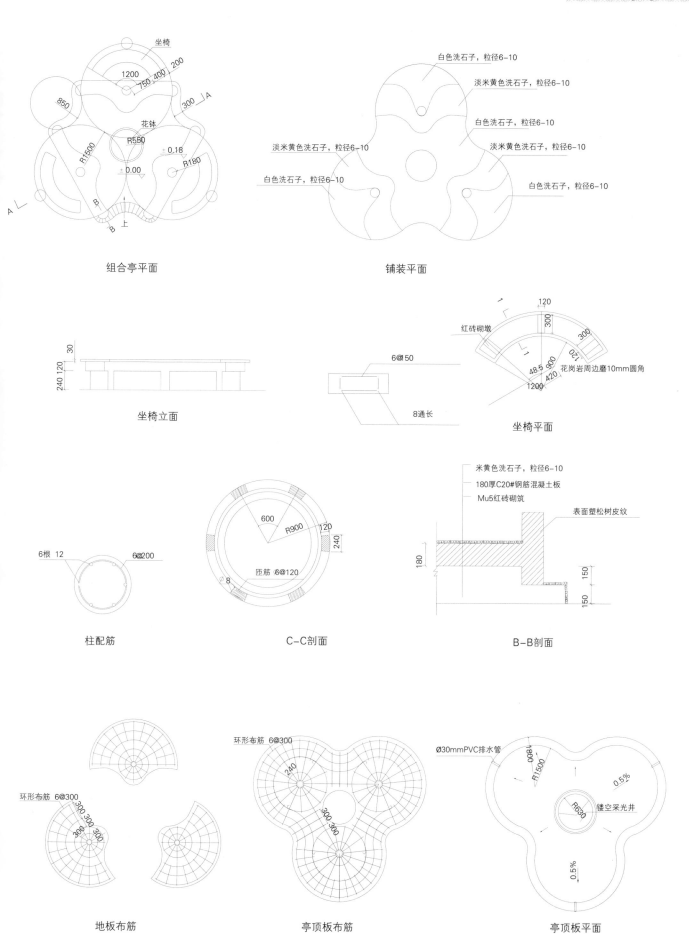

## 亭子【1】圆亭

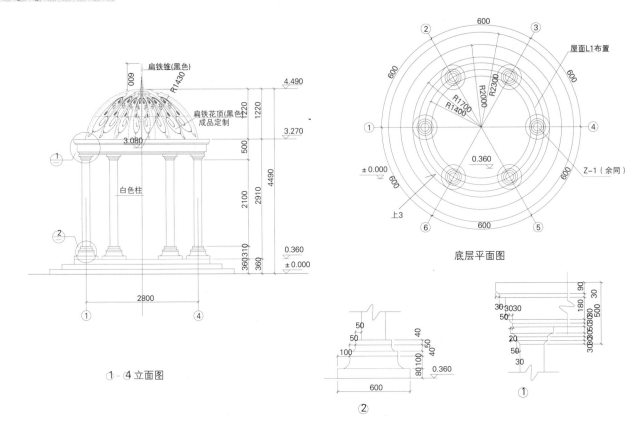
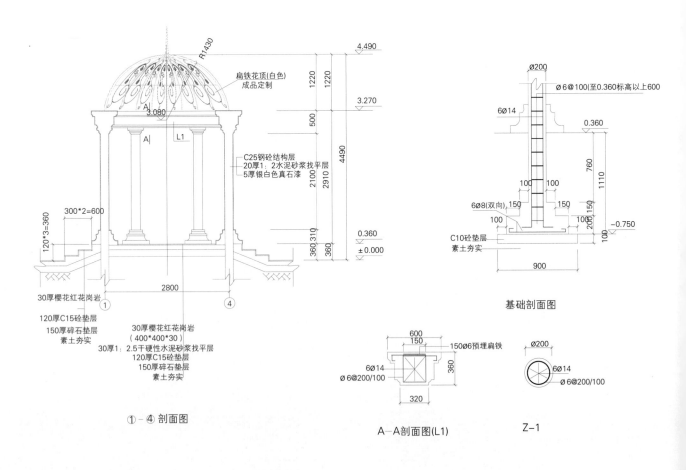

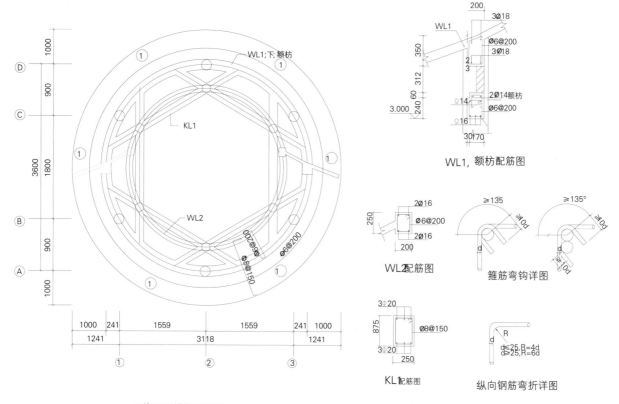

下檐屋面结构平面图

WL1、额枋配筋图

WL2配筋图

箍筋弯钩详图

KL1配筋图

纵向钢筋弯折详图

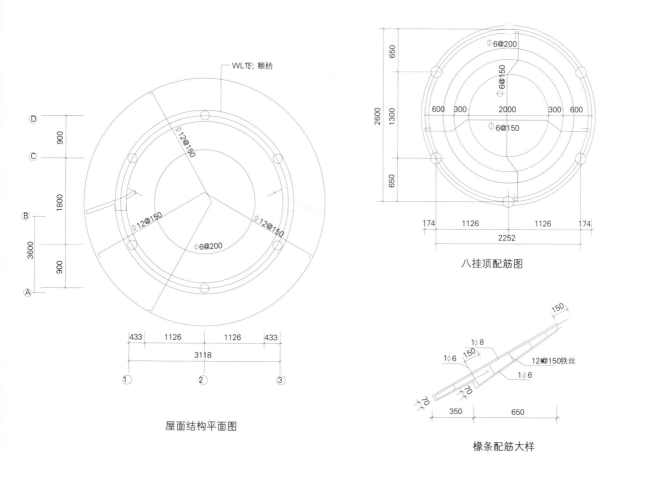

屋面结构平面图

八挂顶配筋图

椽条配筋大样

# 亭子【1】圆亭

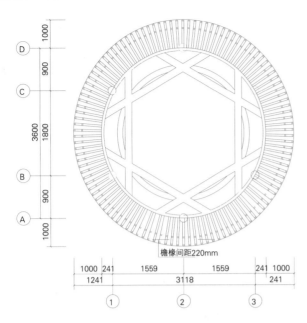

下檐屋面仰视图

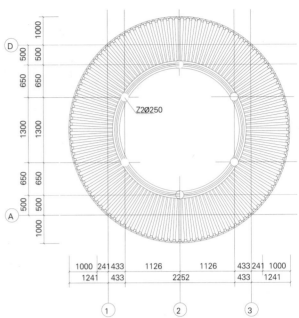

下檐屋面俯视图

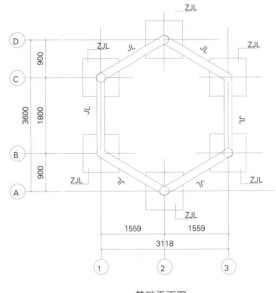

基础平面图

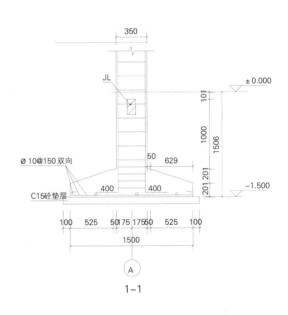

1—1

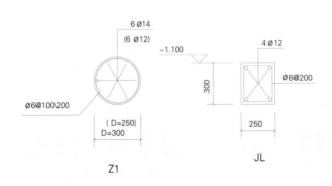

Z1　　　JL

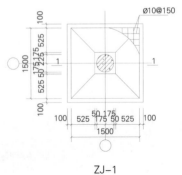

ZJ—1

# 圆亭【1】亭子

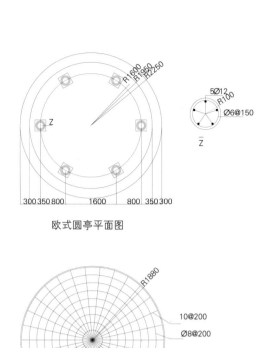

欧式圆亭平面图

环筋

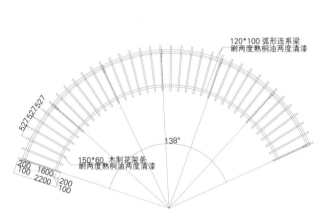

弧形花架平面图

弧形花架俯视图

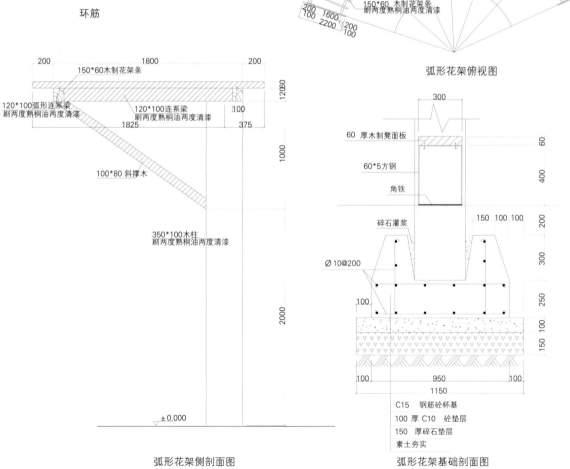

弧形花架侧剖面图

弧形花架基础剖面图

# 亭子【1】圆亭

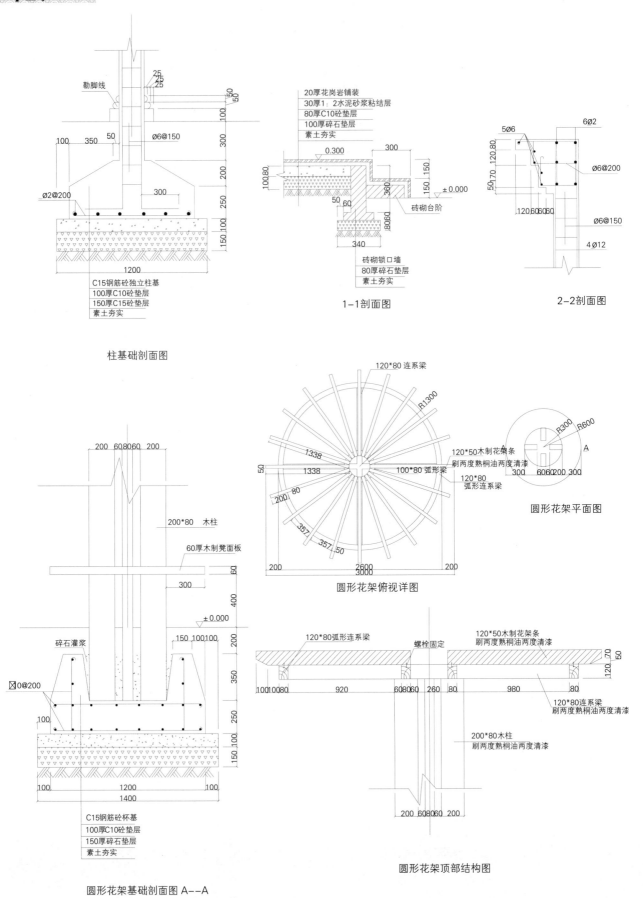

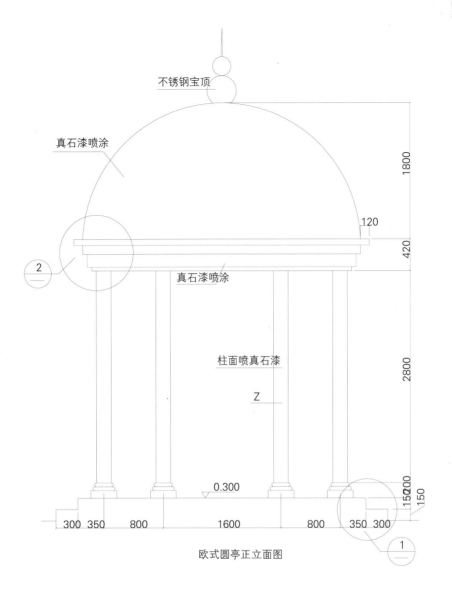

欧式圆亭正立面图

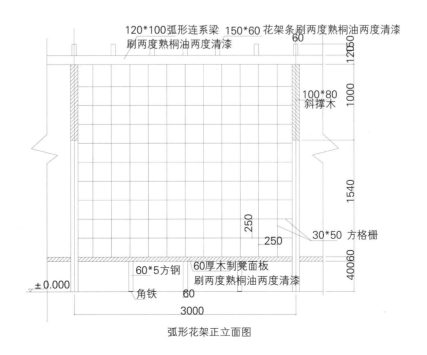

弧形花架正立面图

# 亭子【1】圆亭

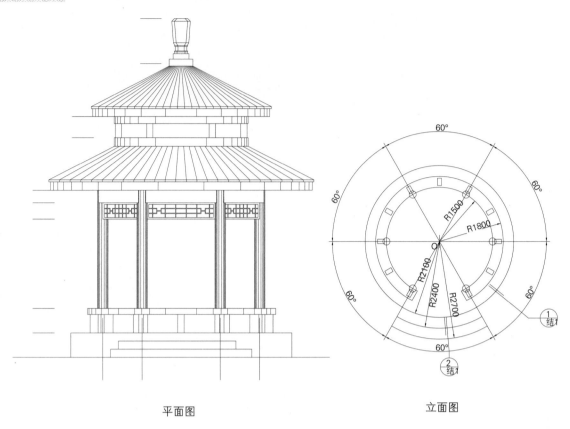

平面图　　　　立面图

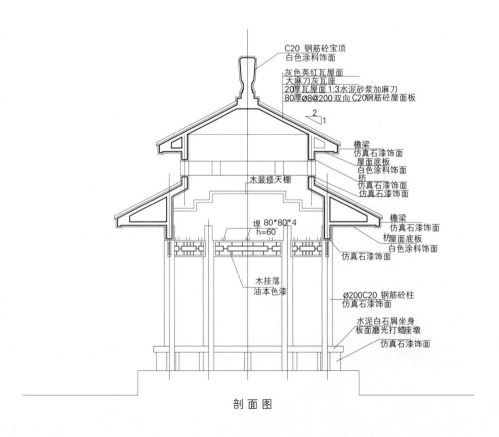

剖面图

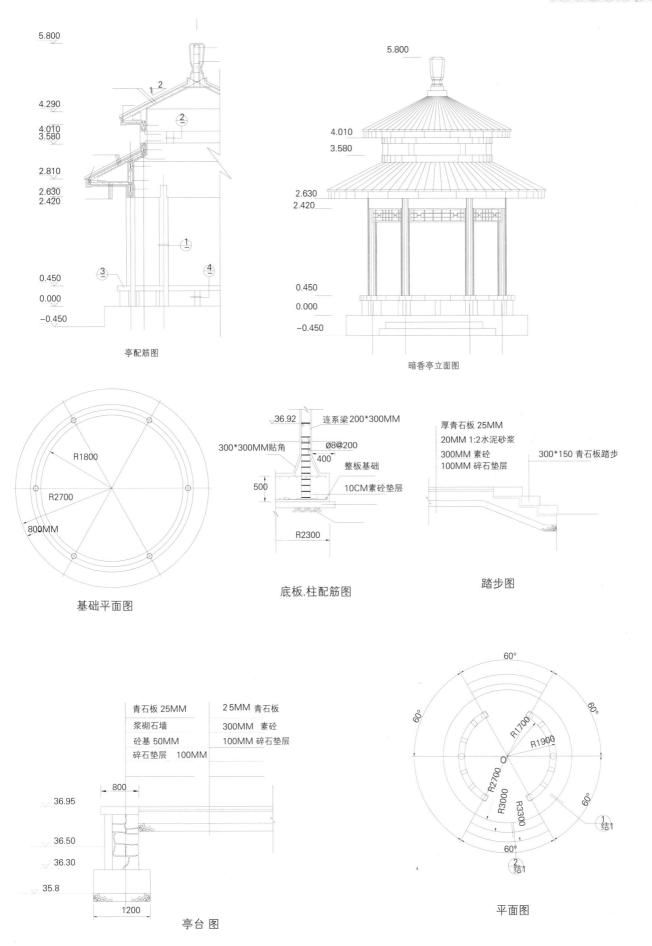

## 亭子【1】圆亭

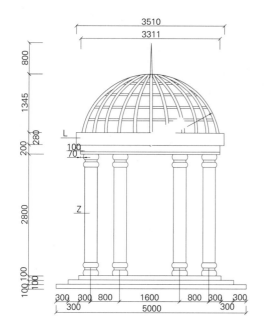

欧式穹形亭立面图

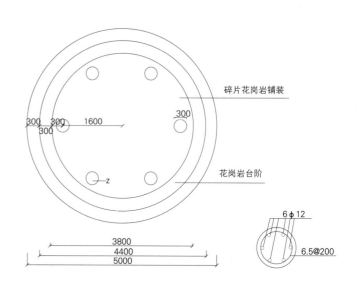

欧式穹形亭地面平面图

砼柱剖面图

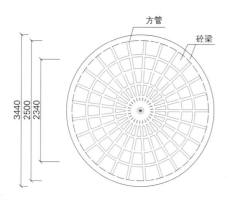

欧式穹形亭屋顶平面图

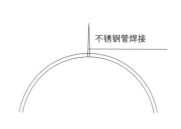

避雷针安装大样图

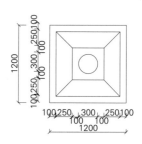

柱基础平面图

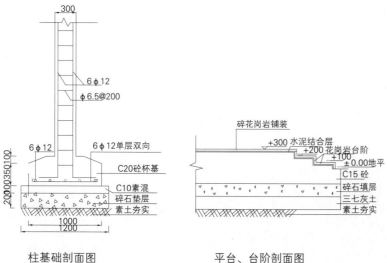

柱基础剖面图

平台、台阶剖面图

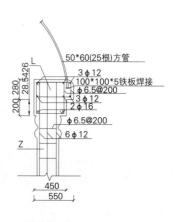

柱梁剖面图

# 圆亭【1】亭子

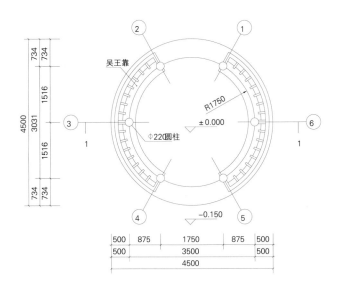

平面图

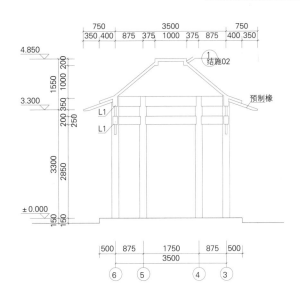

1-1 剖面图

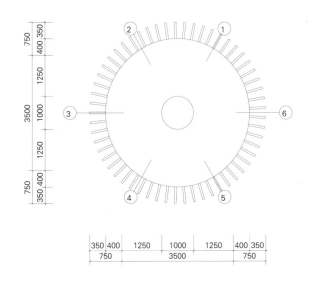

屋面平面图

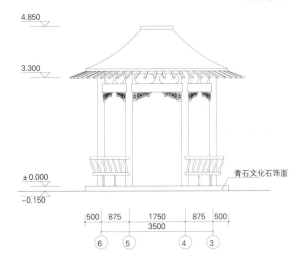

正立面图

# 亭子【1】圆亭

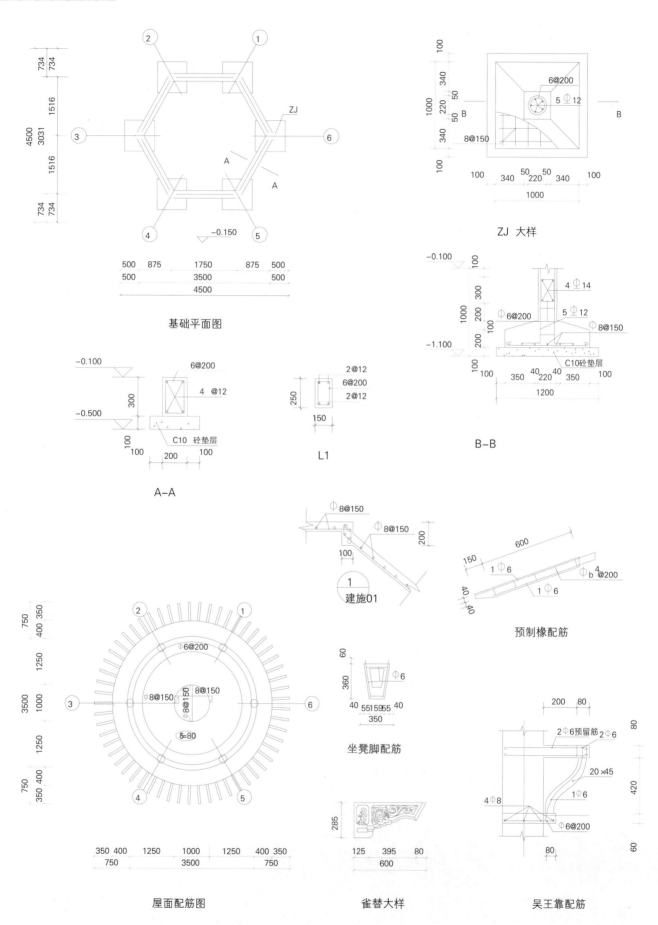

# 圆亭【1】亭子

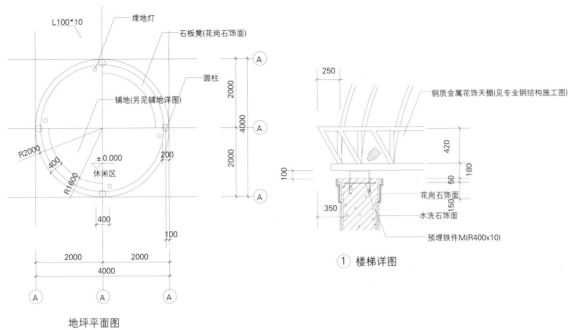

① 楼梯详图

地坪平面图

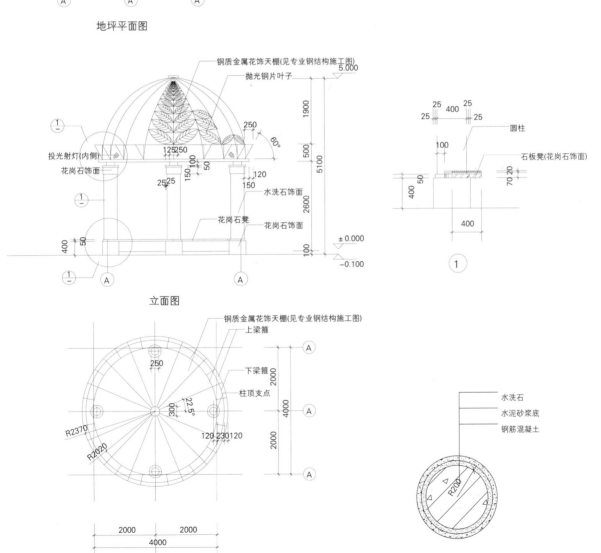

立面图

## 亭子【1】圆亭

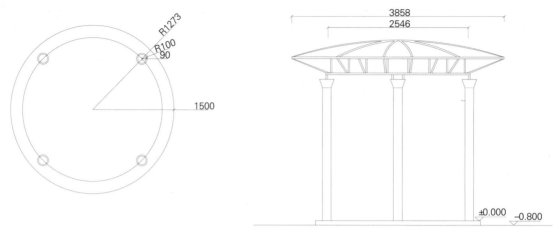

休息亭底座平面图

休息亭立面图

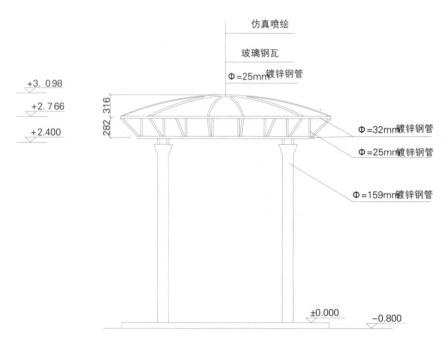

休息亭正剖面图

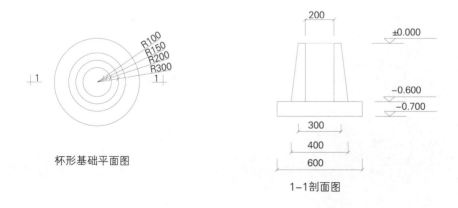

杯形基础平面图

1-1剖面图

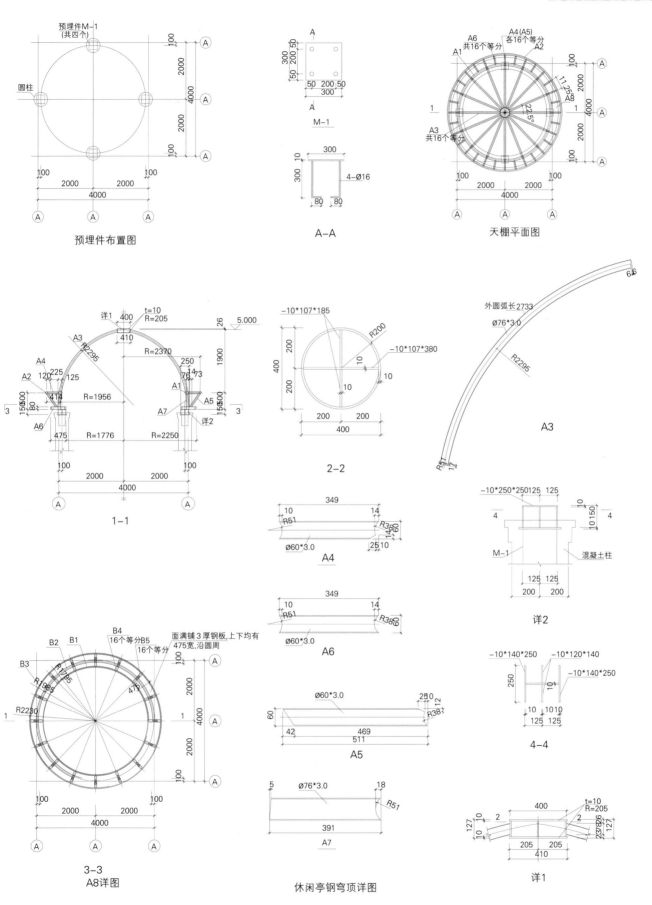

# 亭子【1】圆亭

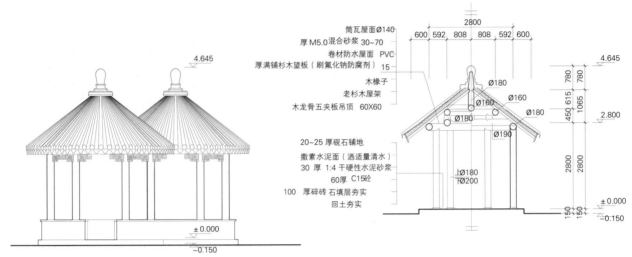

园套亭立面图

园套亭1-1剖面

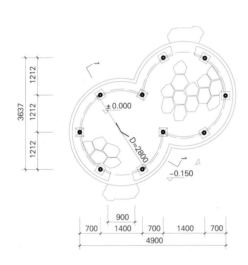

园套亭平面图

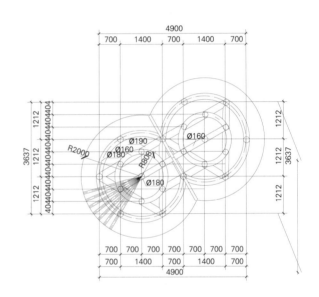

园套亭屋架平面图

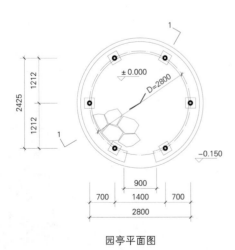

园亭平面图

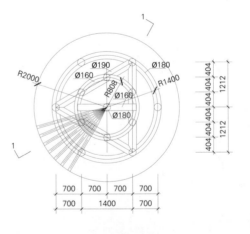

园亭屋架平面图

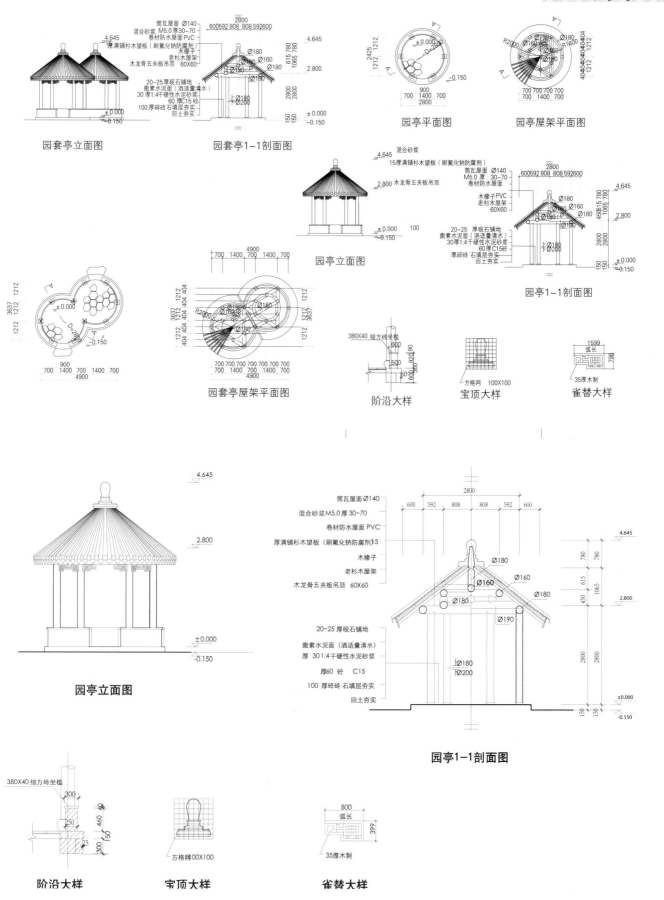

亭子【1】圆亭

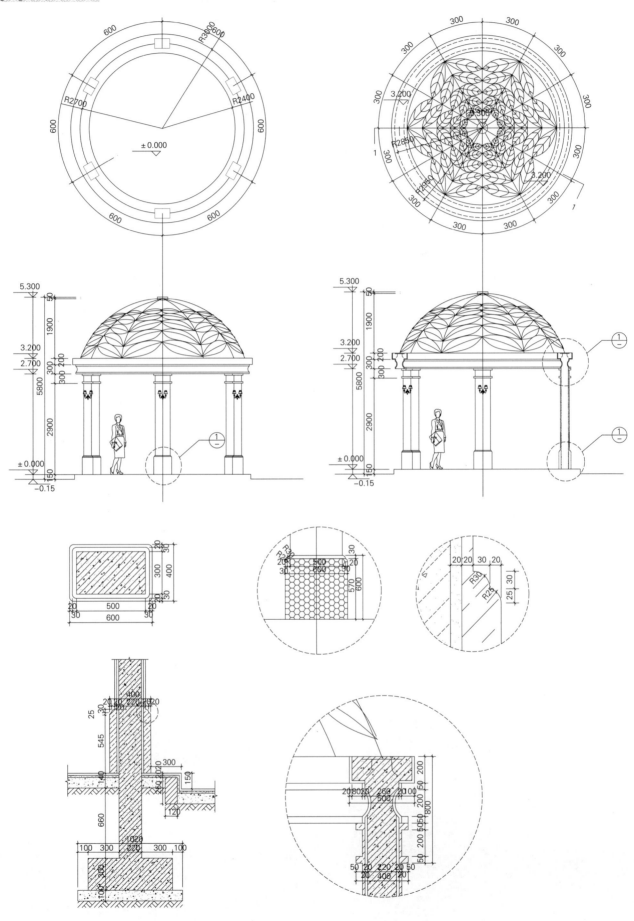

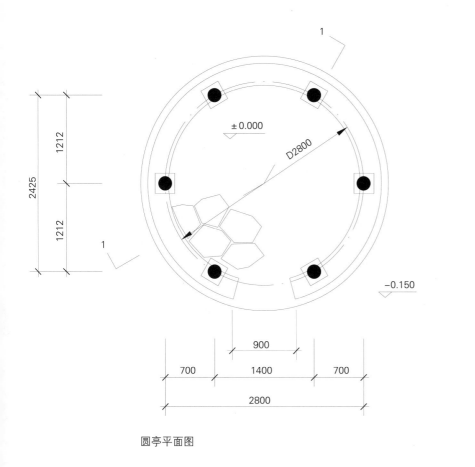

圆亭平面图

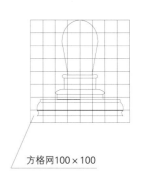

方格网100×100

宝顶大样

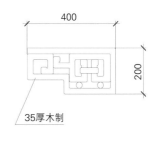

35厚木制

雀替大样

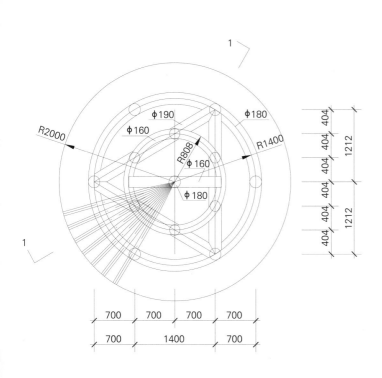

圆亭屋架平面图

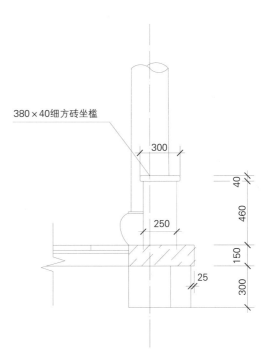

380×40细方砖坐槛

阶沿大样

## 亭子【1】圆亭

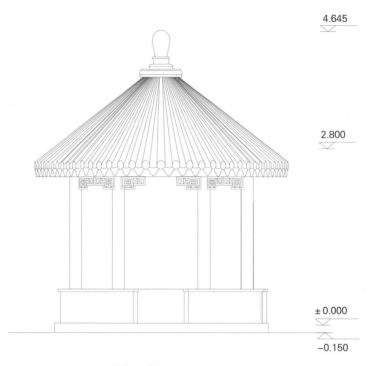

圆亭立面图

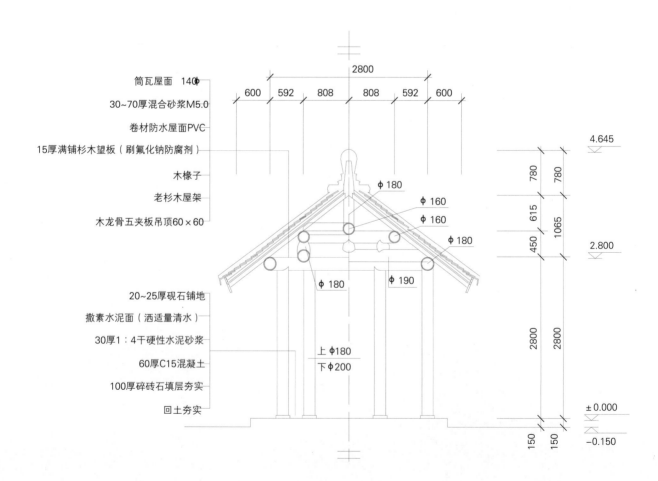

圆亭1-1剖面图

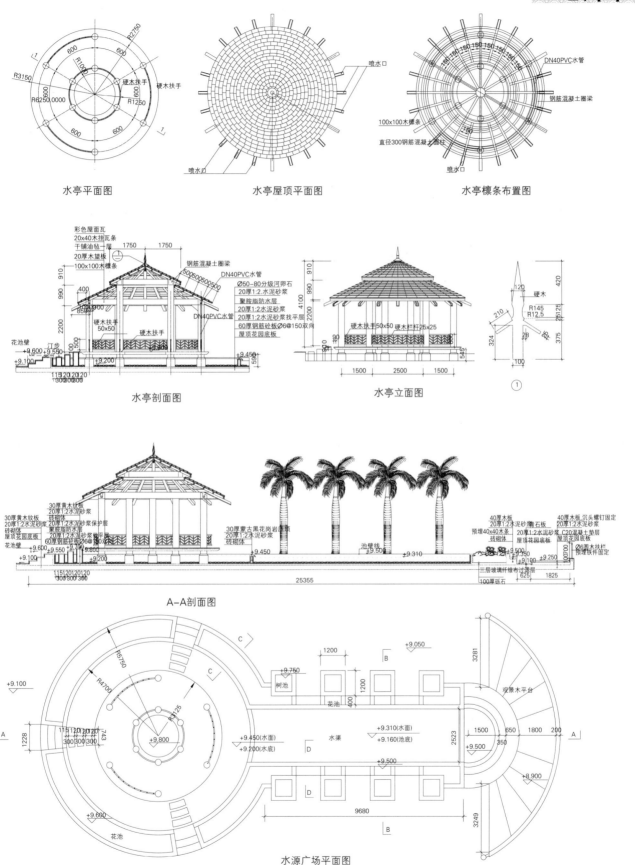

## 亭子【1】圆亭

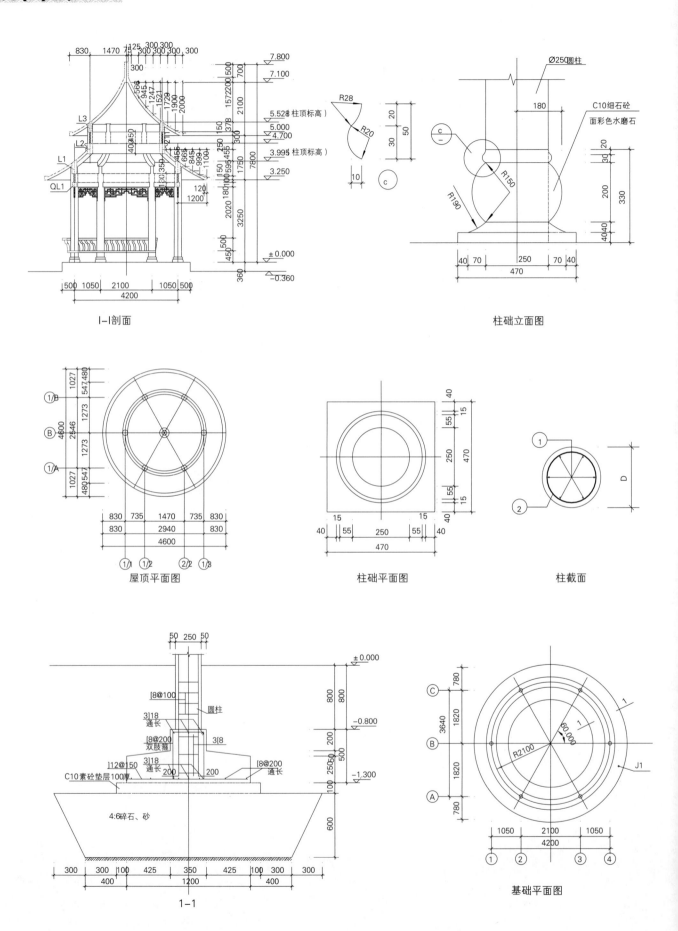

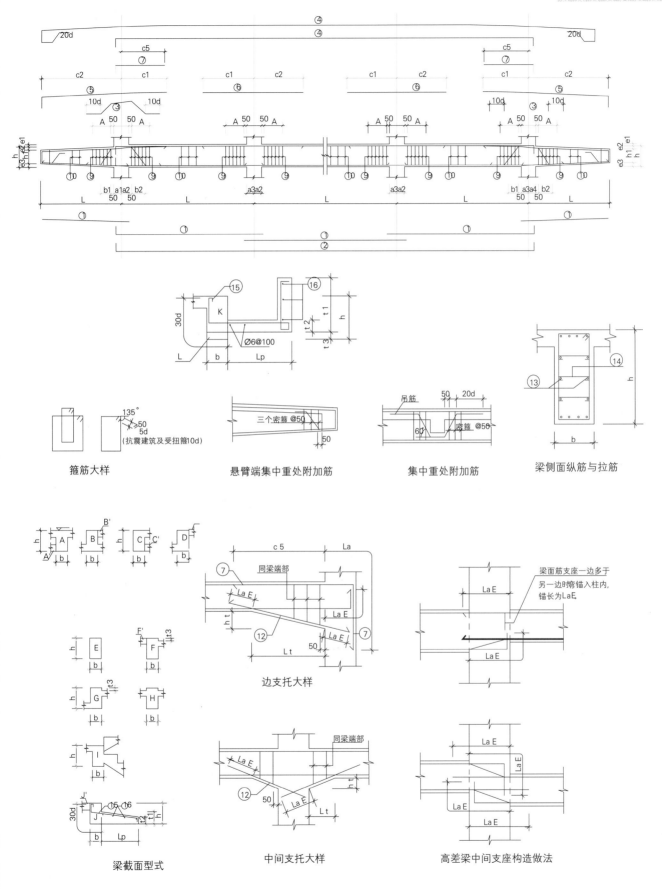

# 亭子【1】圆亭

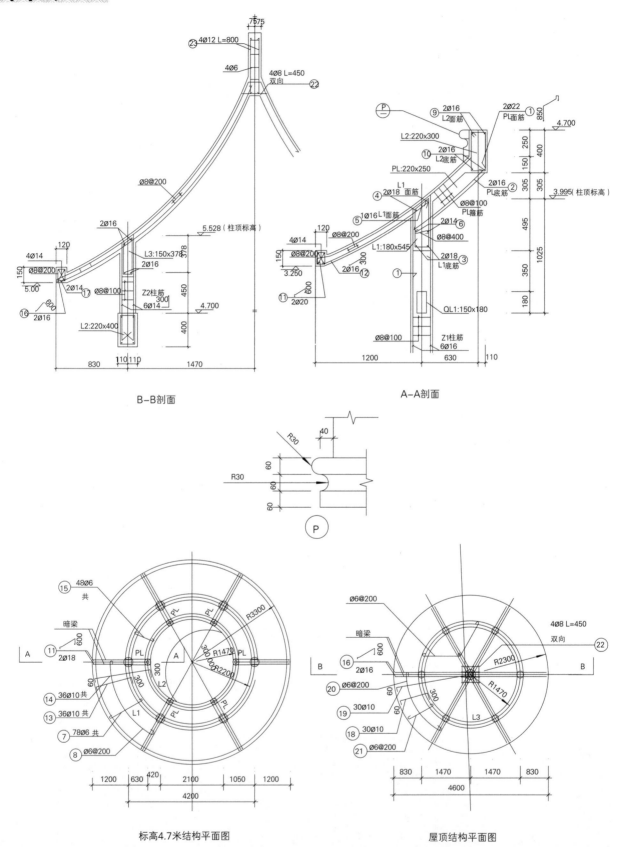

B-B剖面

A-A剖面

标高4.7米结构平面图

屋顶结构平面图

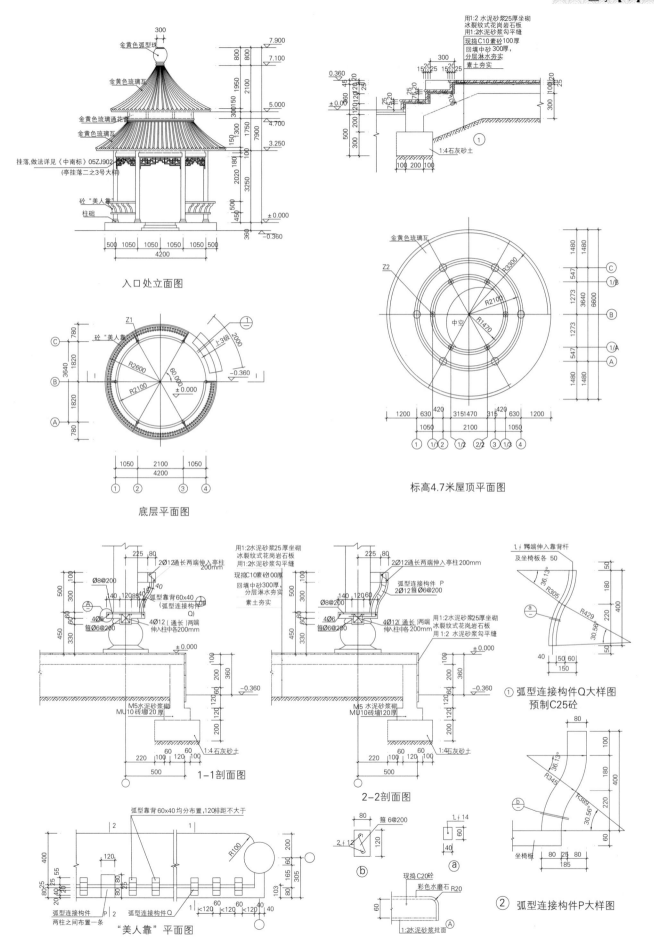

圆亭【1】亭子

# 亭子【1】圆亭

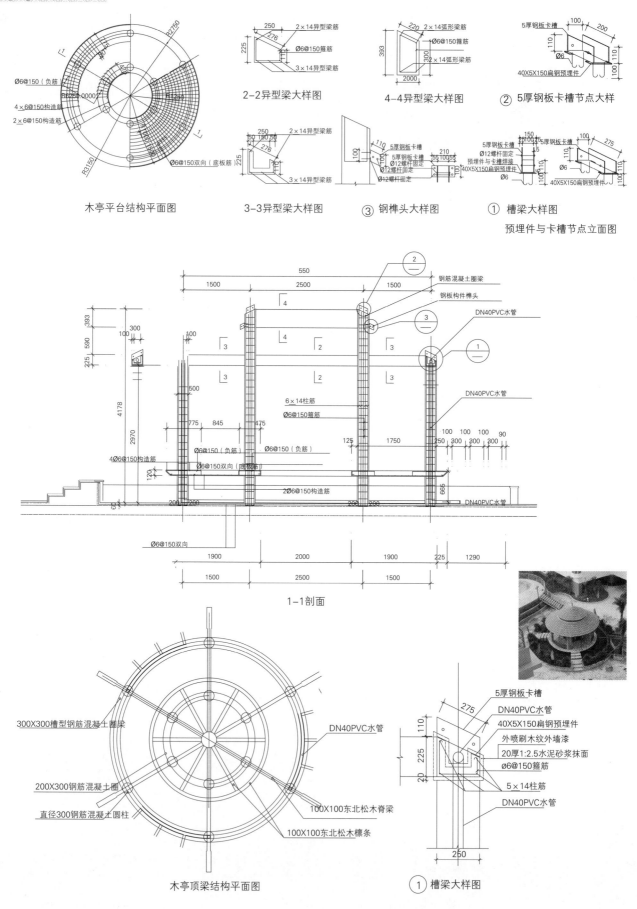

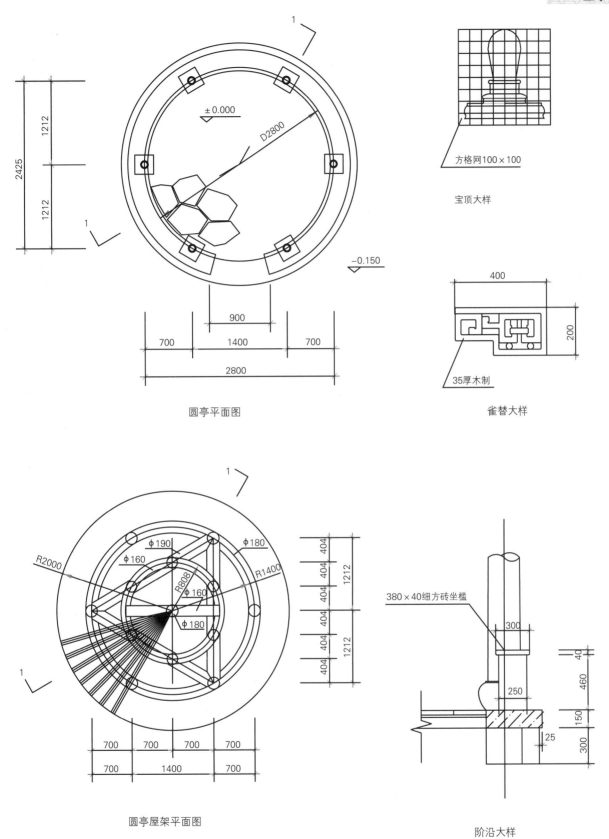

# 亭子【1】圆亭

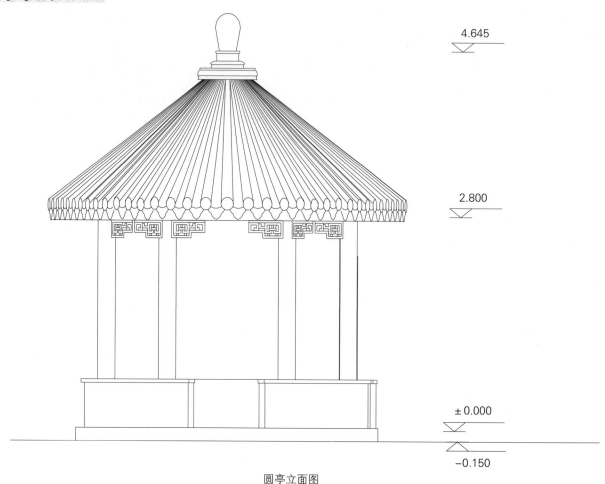

圆亭立面图

圆亭1-1剖面图

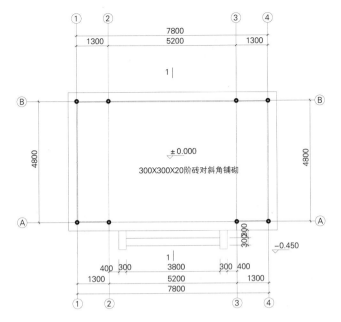

首层平面图

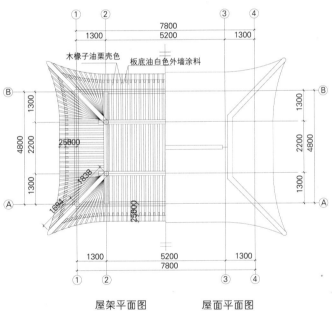

屋架平面图　　屋面平面图

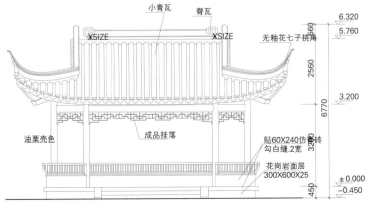

正立面图

# 亭子【2】方亭

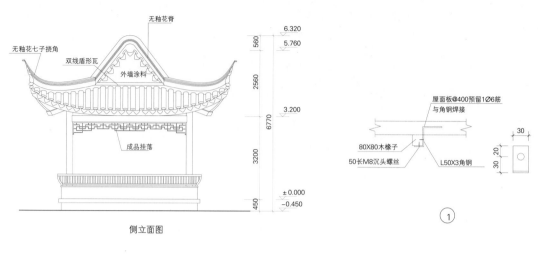

侧立面图

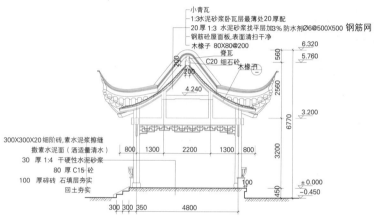

1-1断面图

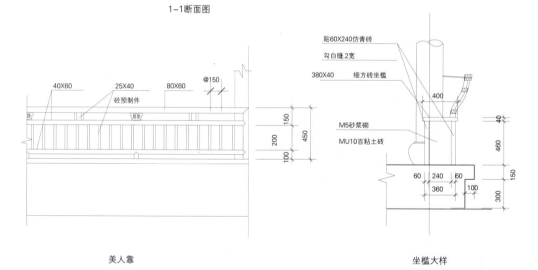

美人靠　　　　　　坐槛大样

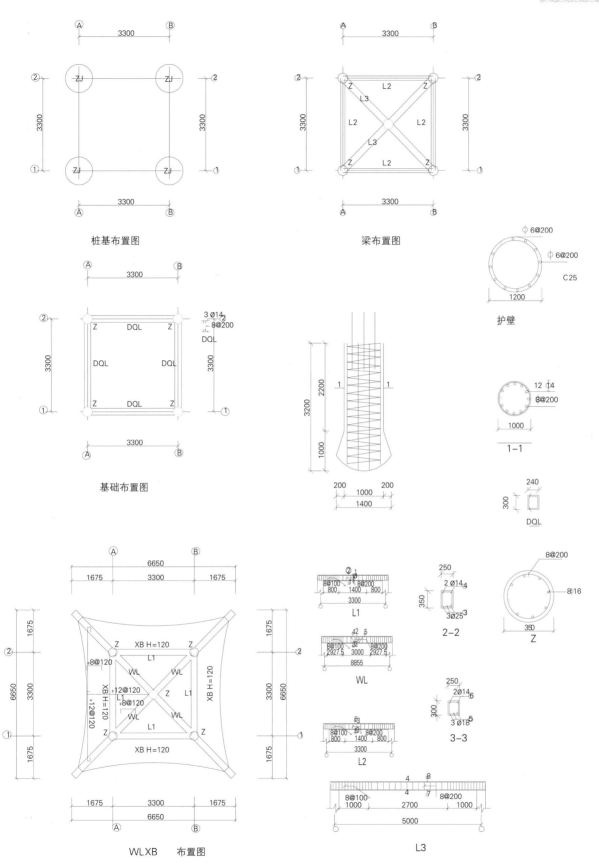

# 亭子【2】方亭

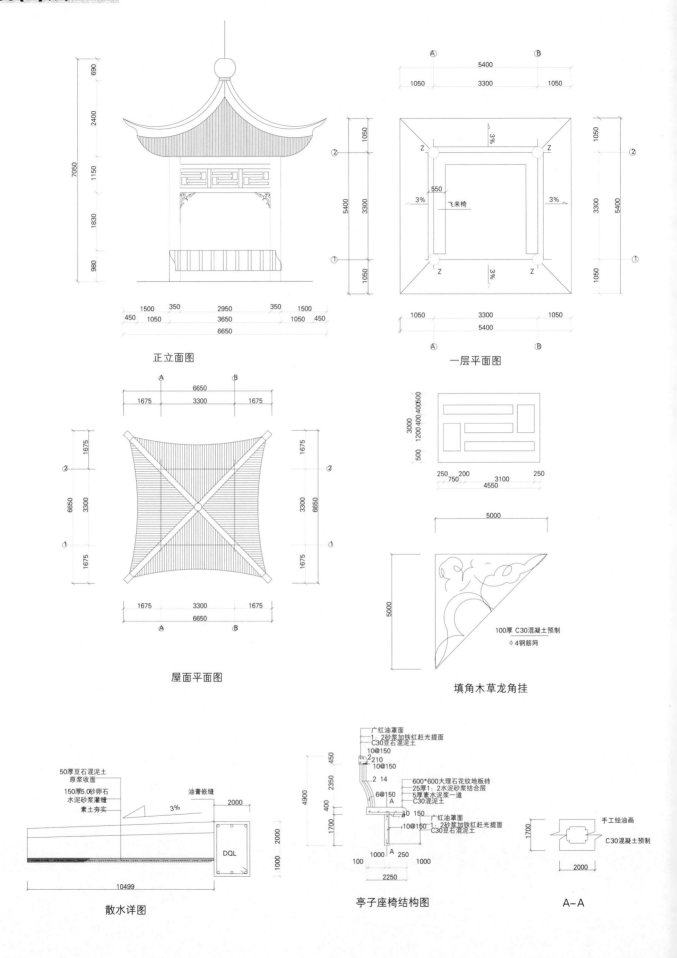

# 方亭【2】亭子

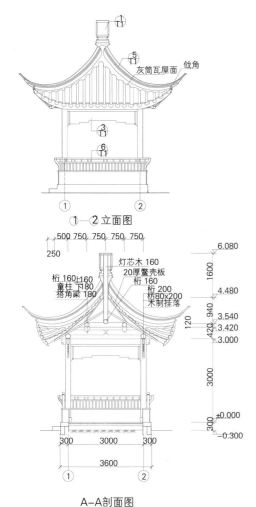

①—② 立面图

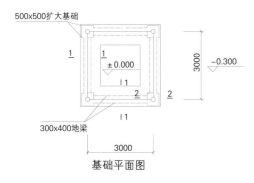

A-A 剖面图

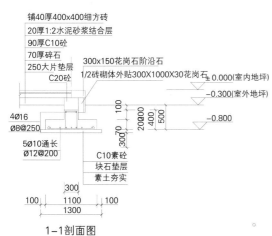

基础平面图

1-1 剖面图

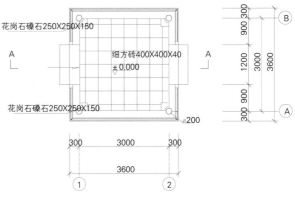

四角亭底平面图

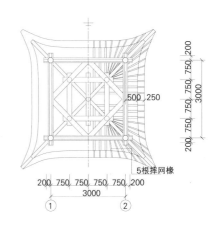

屋架仰视图

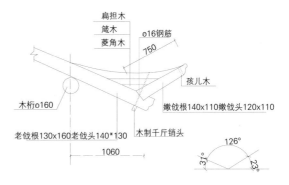

戗角大样图

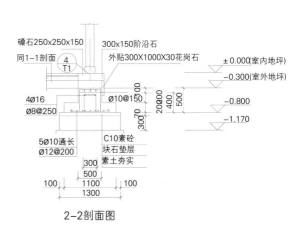

2-2 剖面图

# 亭子【2】方亭

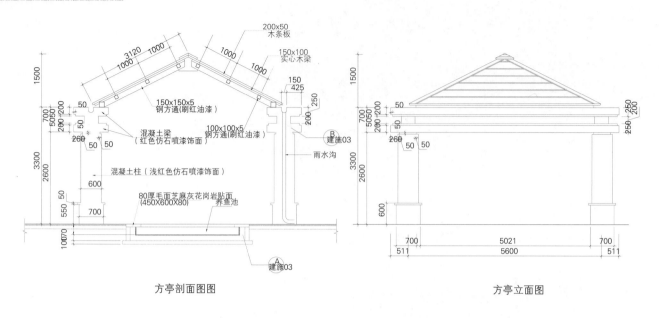

方亭剖面图图

方亭立面图

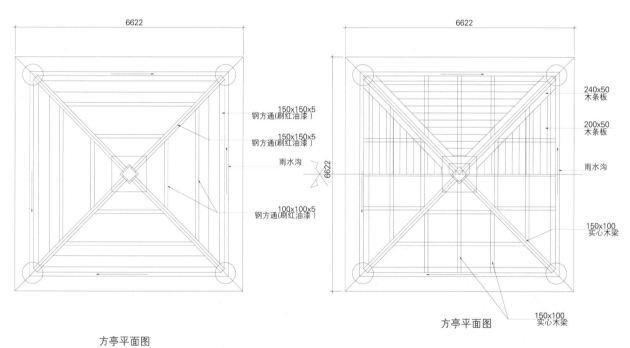

方亭平面图

方亭平面图

# 方亭【2】亭子

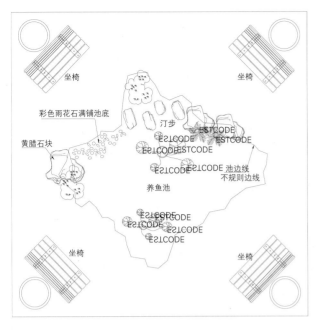

养鱼池平面

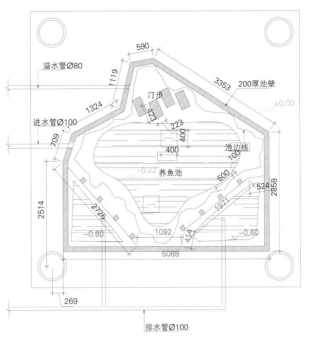

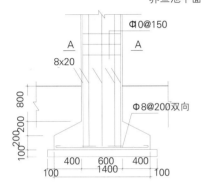

柱基础剖面图

基础平面图

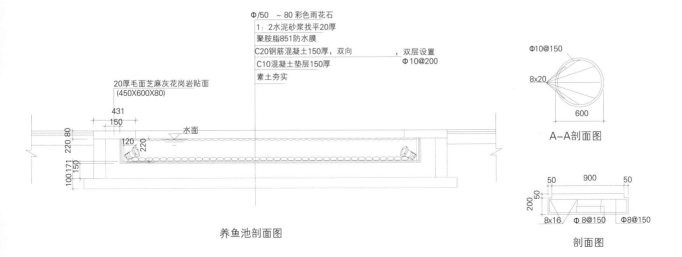

养鱼池剖面图

A-A剖面图

剖面图

## 亭子【2】方亭

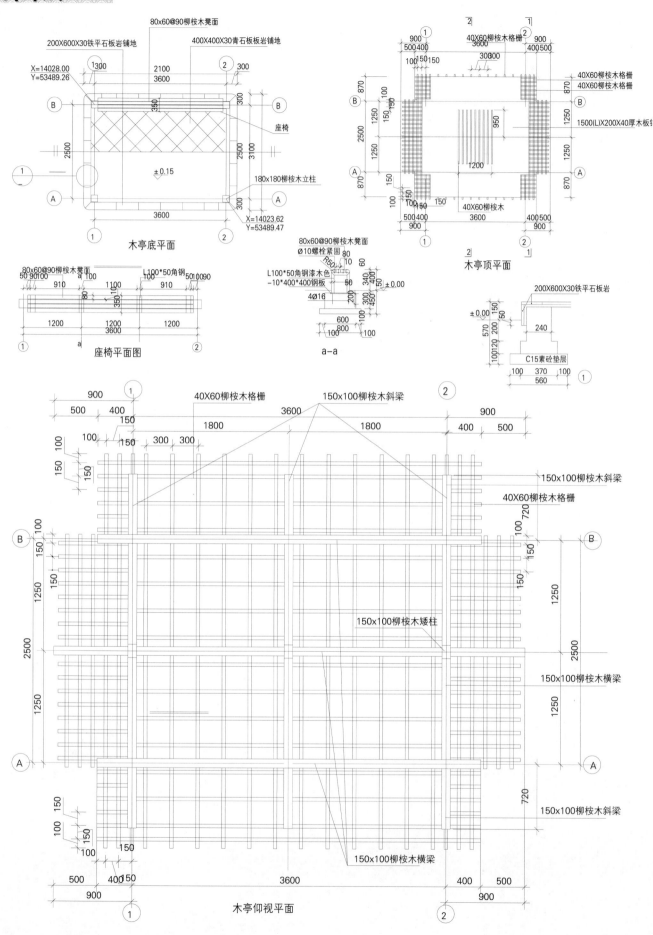

方亭【2】亭子

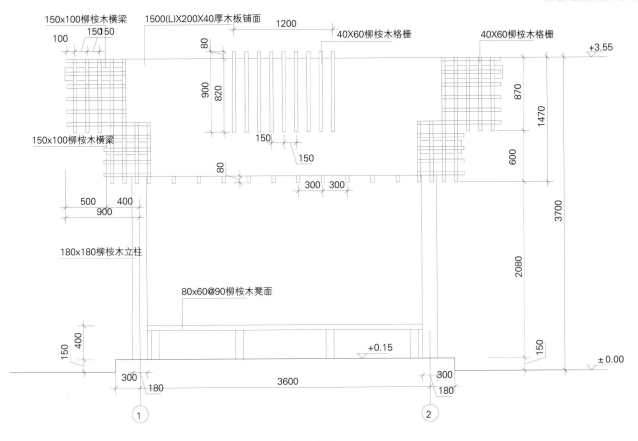

木亭正立面

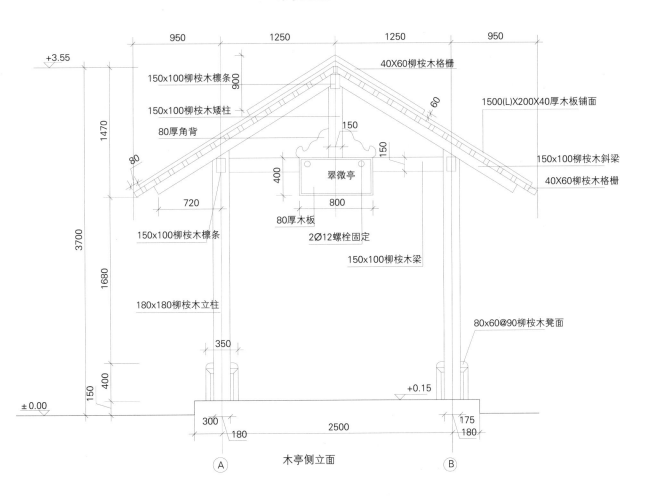

木亭侧立面

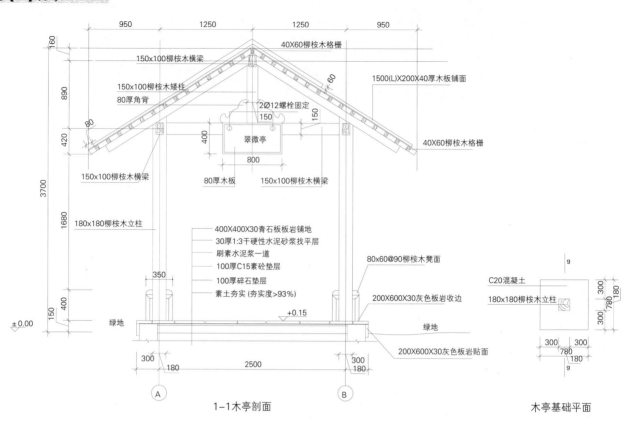

1-1 木亭剖面　　　　木亭基础平面

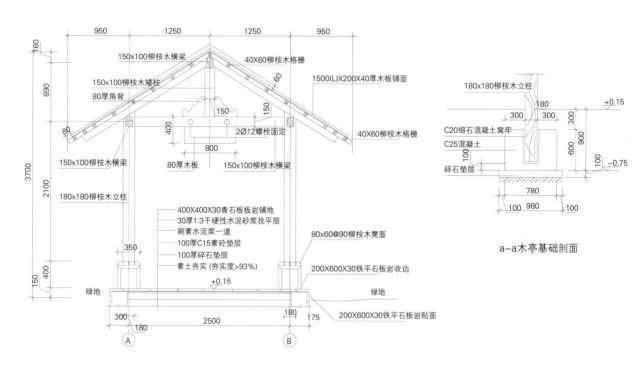

2-2 木亭剖面　　　　a-a 木亭基础剖面

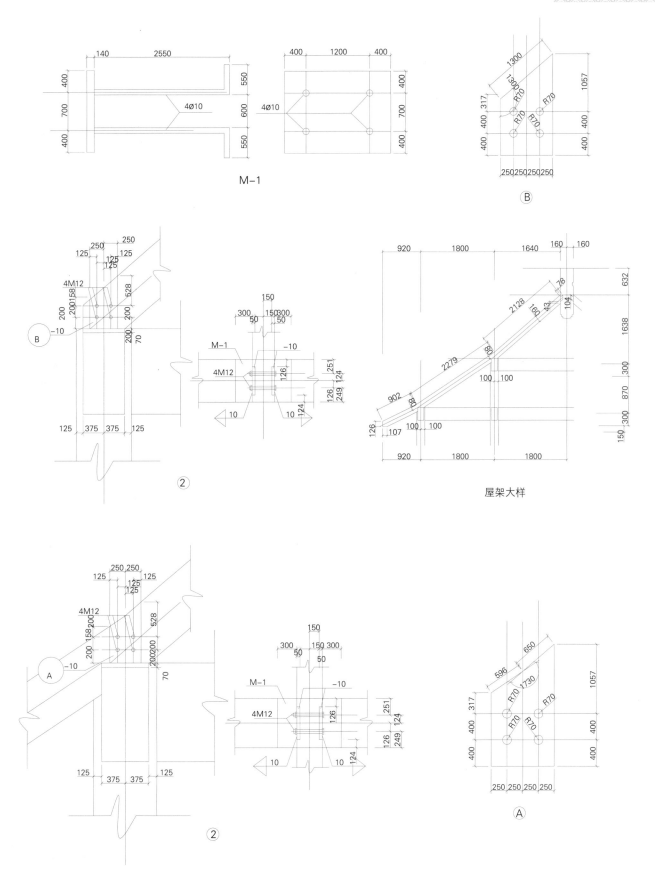

屋架大样

# 亭子【2】方亭

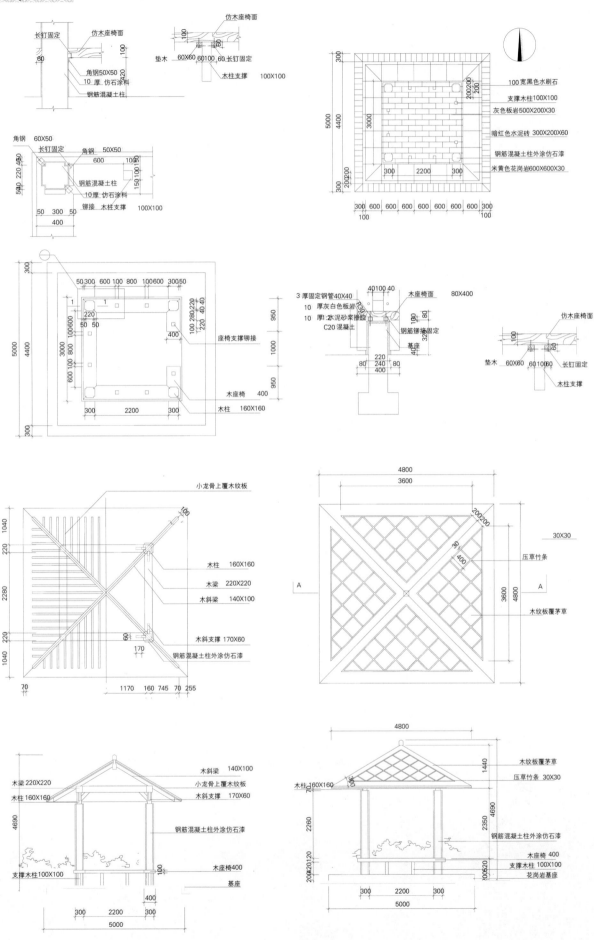

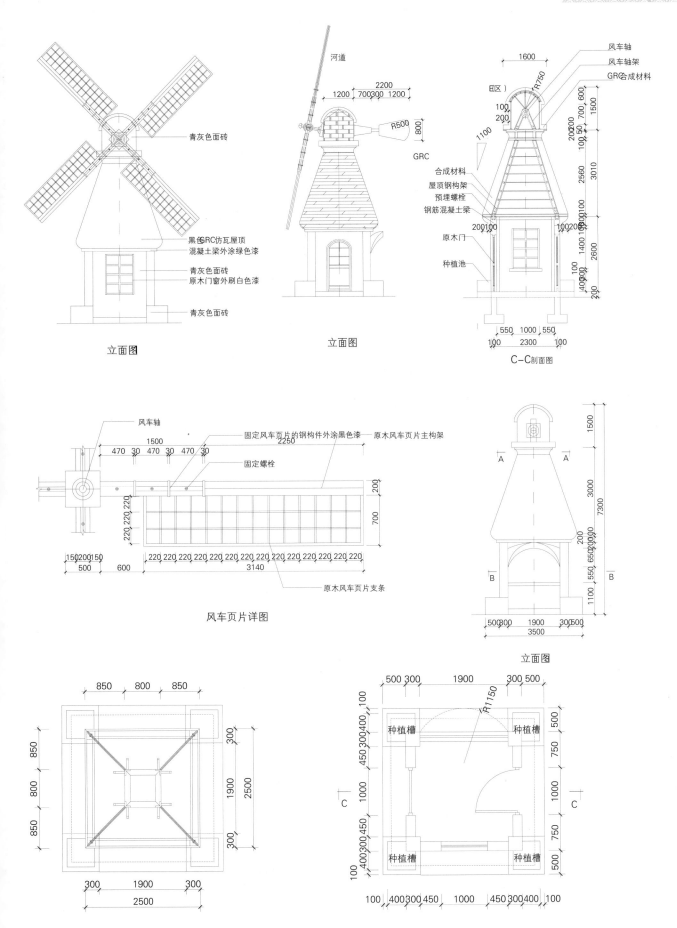

# 亭子【2】方亭

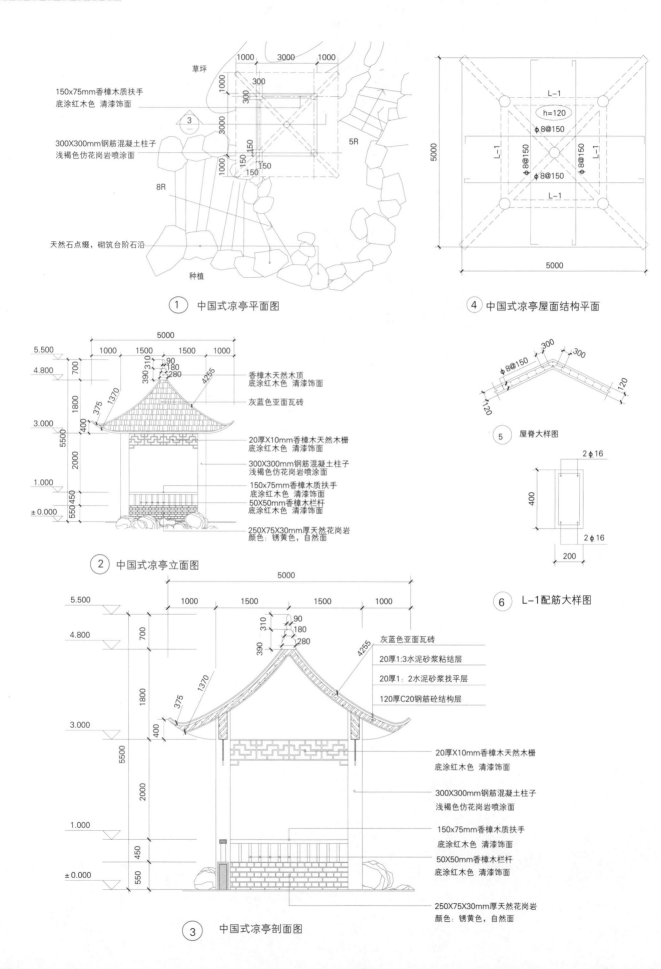

方亭【2】亭子

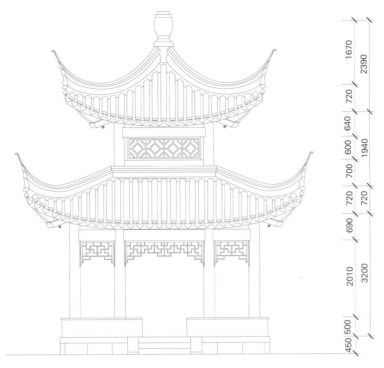

四方重檐亭立面图

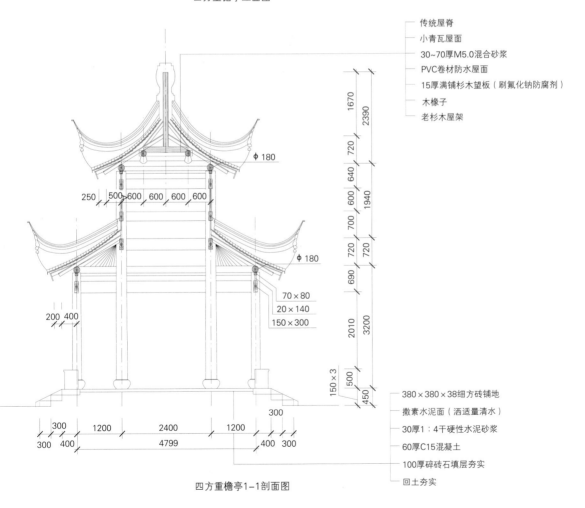

四方重檐亭1-1剖面图

# 亭子【2】方亭

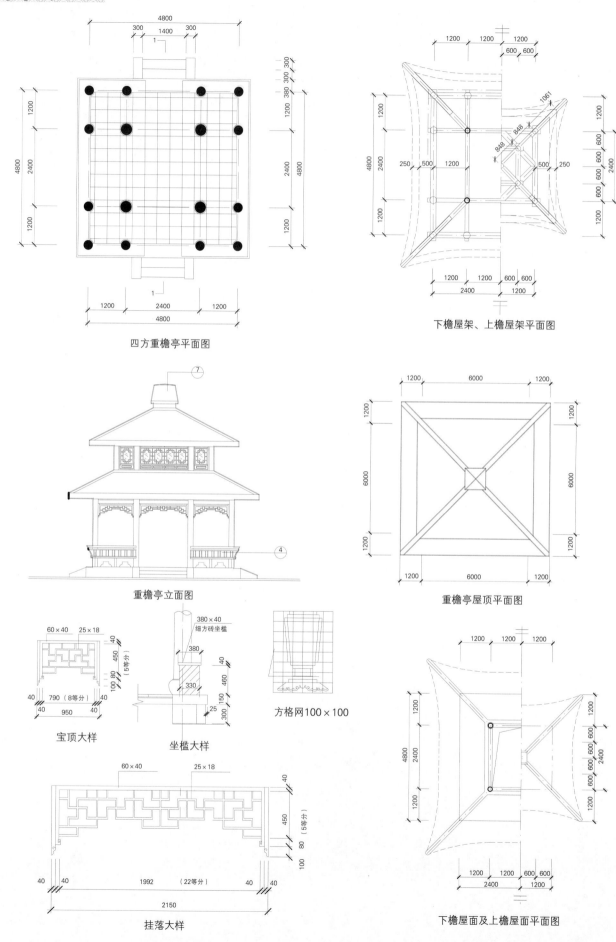

四方重檐亭平面图

下檐屋架、上檐屋架平面图

重檐亭立面图

重檐亭屋顶平面图

宝顶大样

坐槛大样

方格网100×100

挂落大样

下檐屋面及上檐屋面平面图

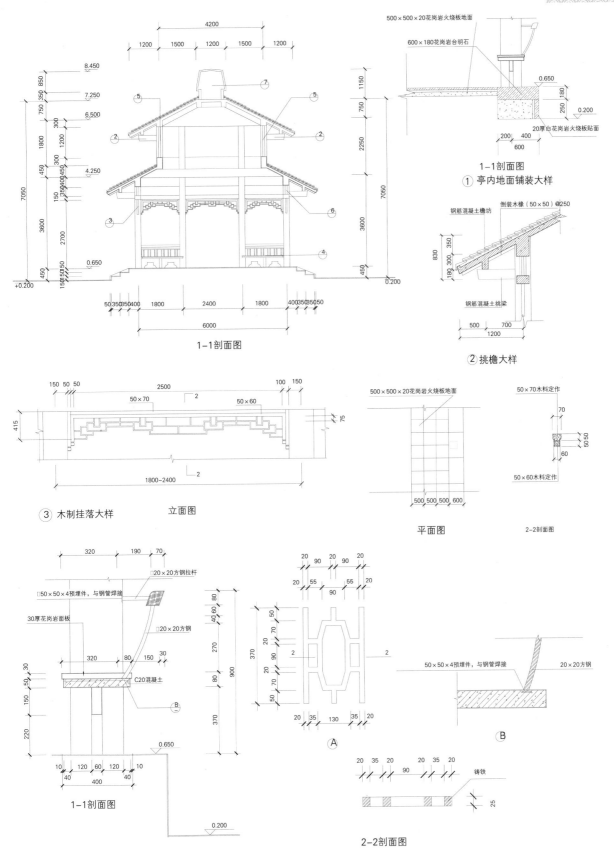

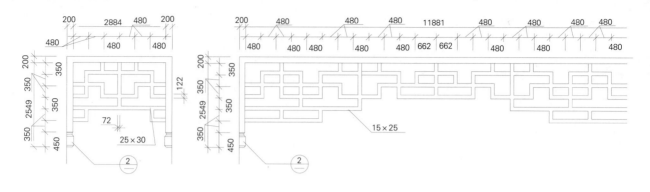

① 挂落大样

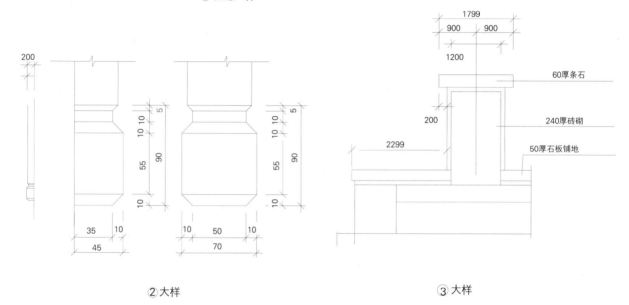

② 大样

③ 大样

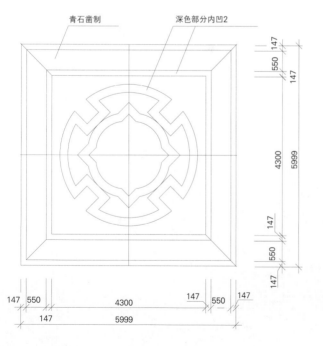

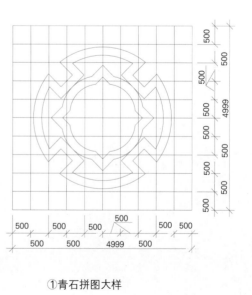

① 青石拼图大样

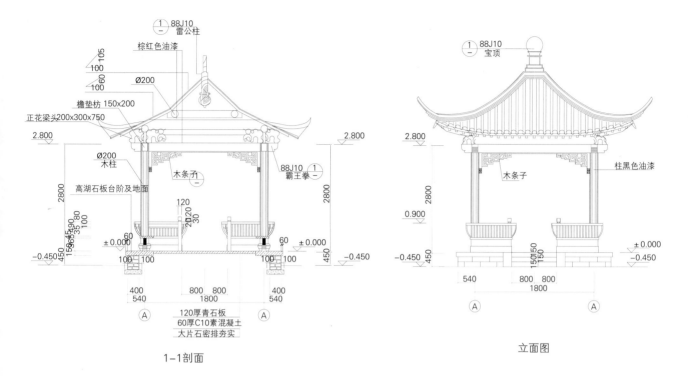

1-1剖面　　　　　　　　立面图

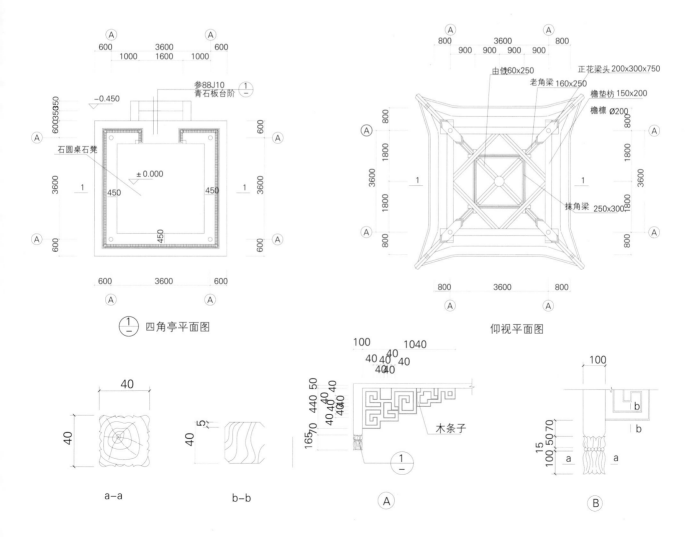

四角亭平面图　　　　　仰视平面图

# 亭子【2】方亭

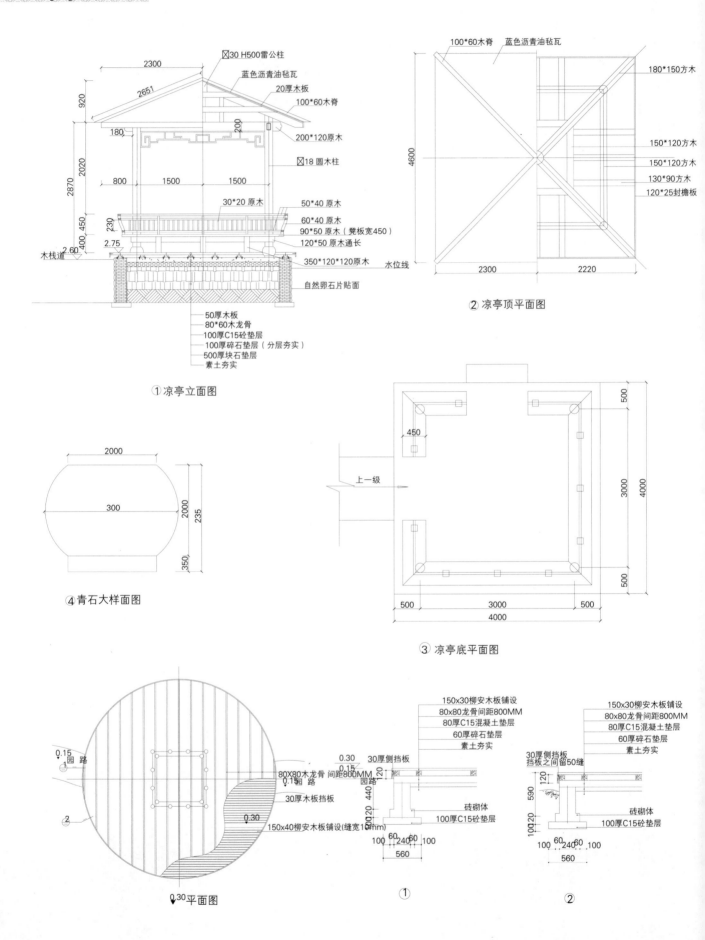

方亭【2】亭子

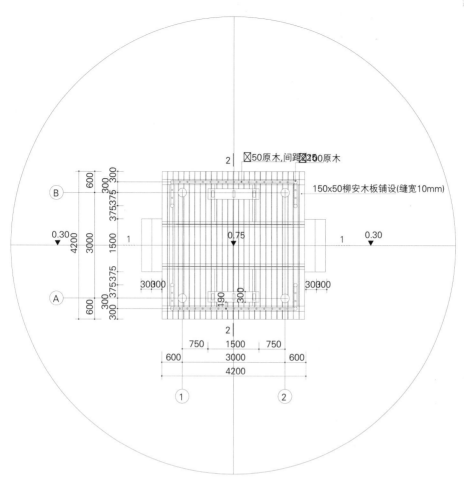

平面图

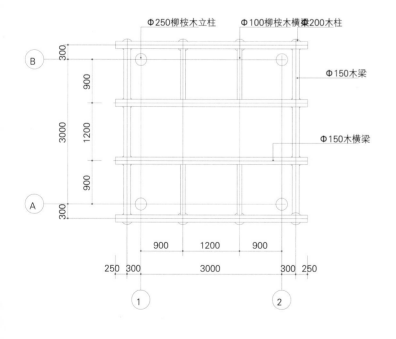

梁柱平面布置图

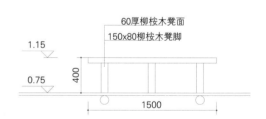

座凳立面图

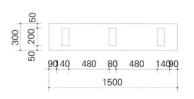

座凳平面图

## 亭子【2】方亭

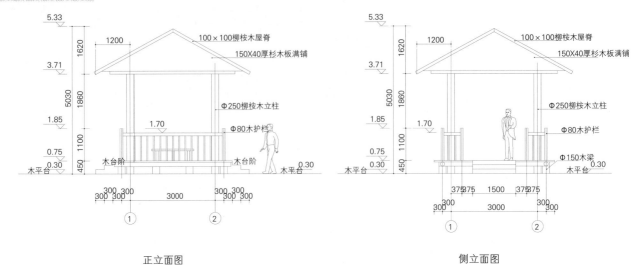

正立面图  　　　　　　　　　　　侧立面图

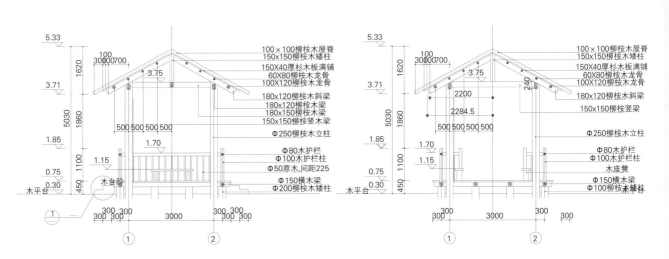

1-1剖面图  　　　　　　　　　　　2-2剖面图

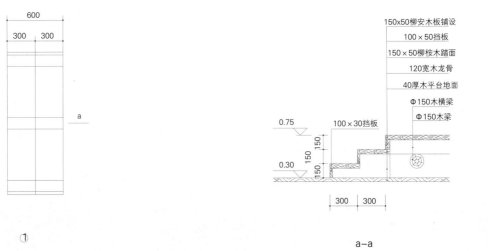

①  　　　　　　　　　　　a-a

# 方亭【2】亭子

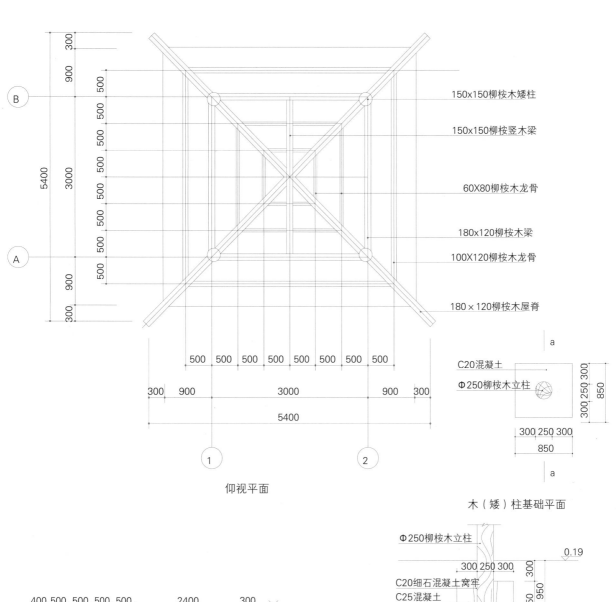

仰视平面

木（矮）柱基础平面

a-a剖面图

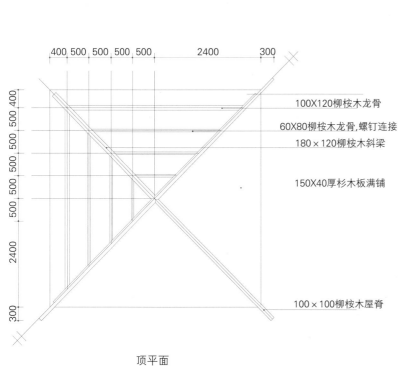

顶平面

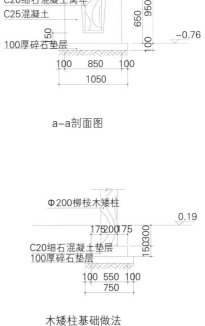

木矮柱基础做法

# 亭子【2】方亭

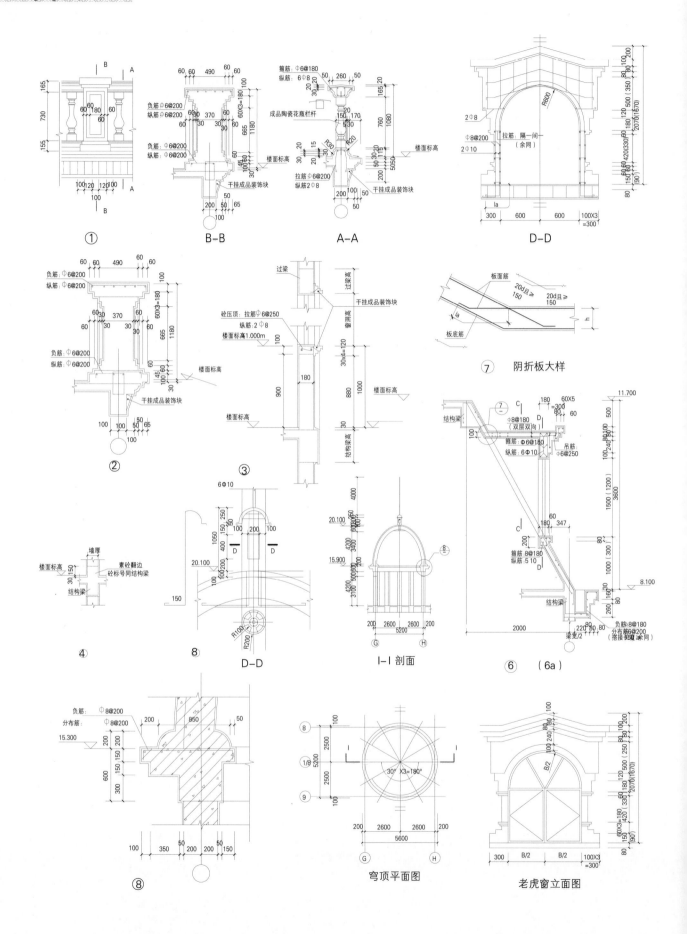

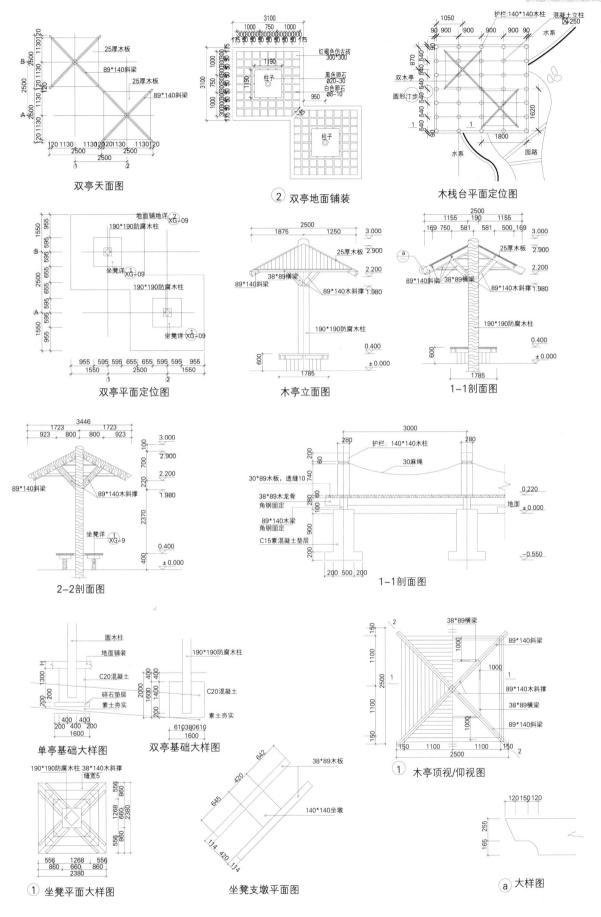

# 亭子【2】方亭

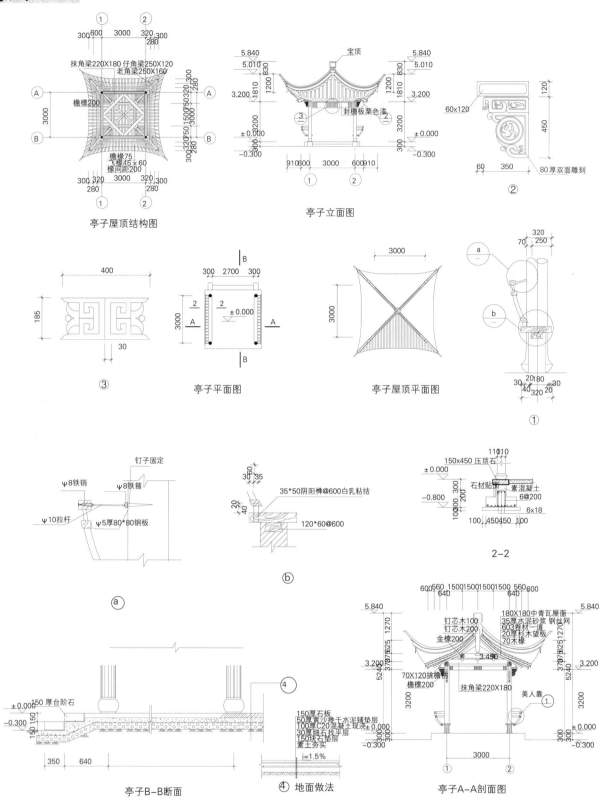

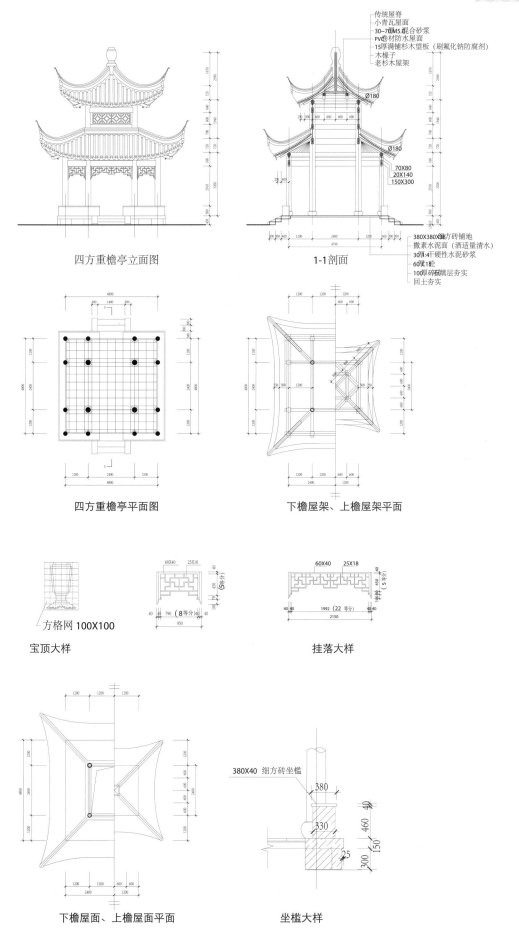

# 亭子【2】方亭

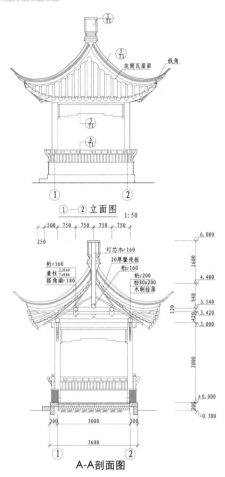

①—② 立面图 1:50

A-A 剖面图

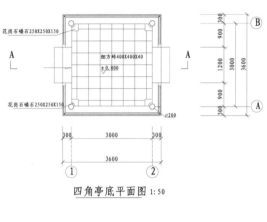

四角亭底平面图 1:50

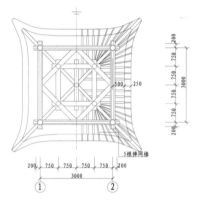

屋架仰视图

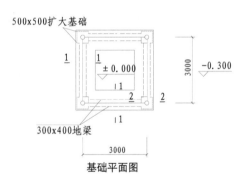

基础平面图

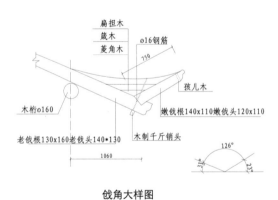

戗角大样图

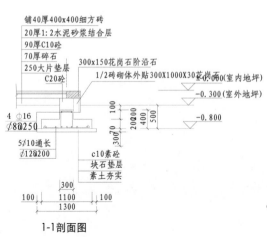

1-1 剖面图

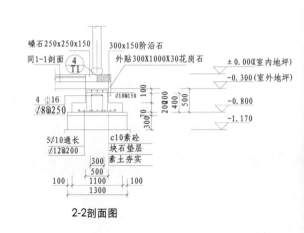

2-2 剖面图

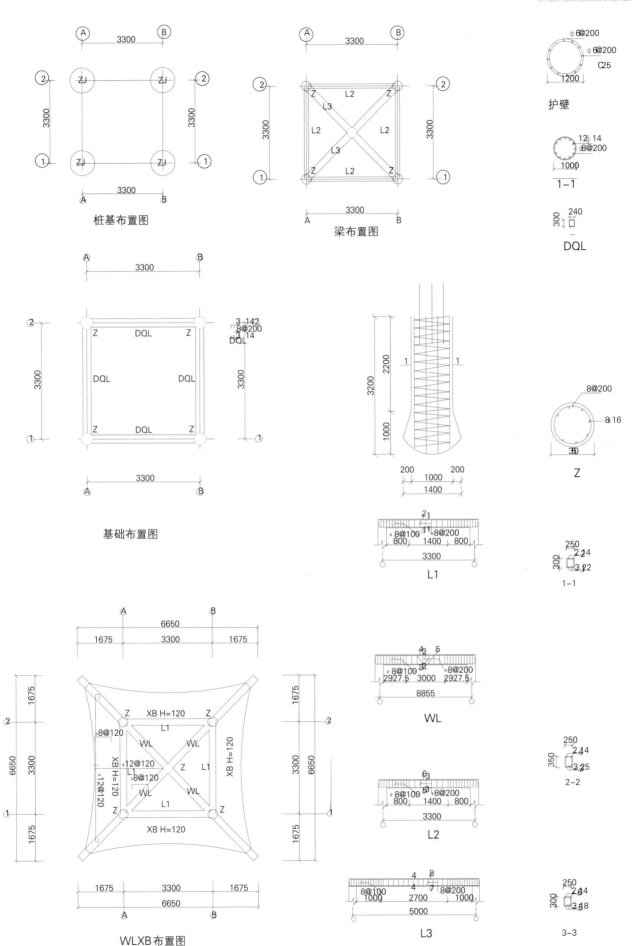

# 亭子【2】方亭

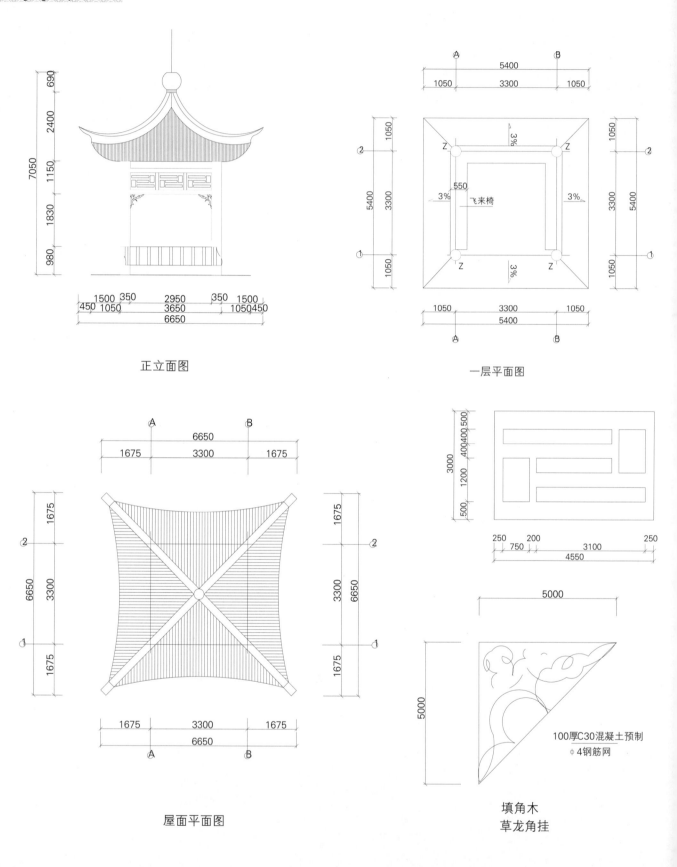

正立面图

一层平面图

屋面平面图

填角木
草龙角挂

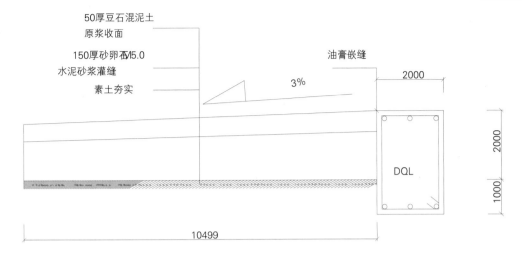

散水详图

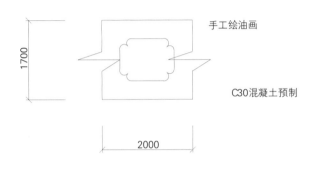

A – A

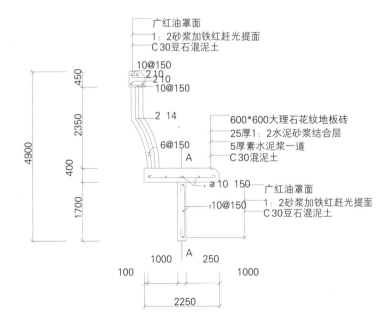

亭子座椅结构图

# 亭子【2】方亭

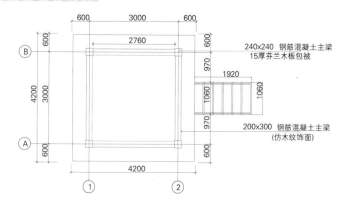

"木亭"底部结构平面图

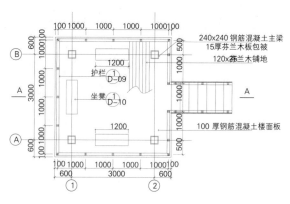

"木亭"底部结构平面图

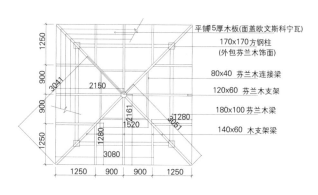

"木亭"顶部结构平面图

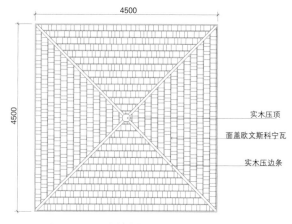

"木亭"屋顶平面图

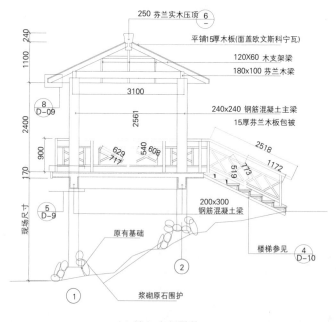

"木亭"A-A 剖面图

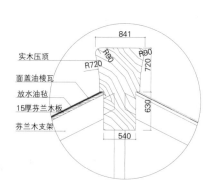

节点详图

方亭【2】亭子

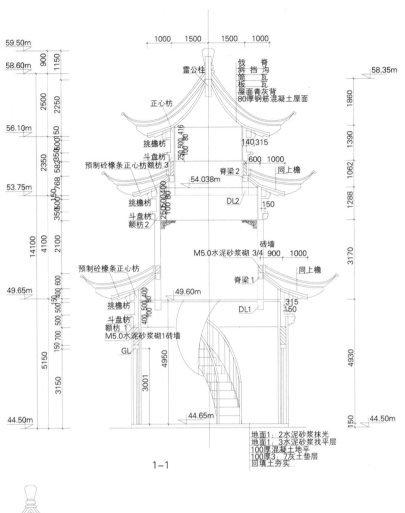

1-1

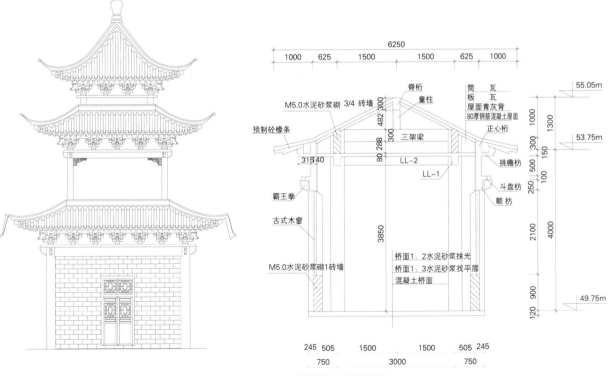

侧立面图

2-2

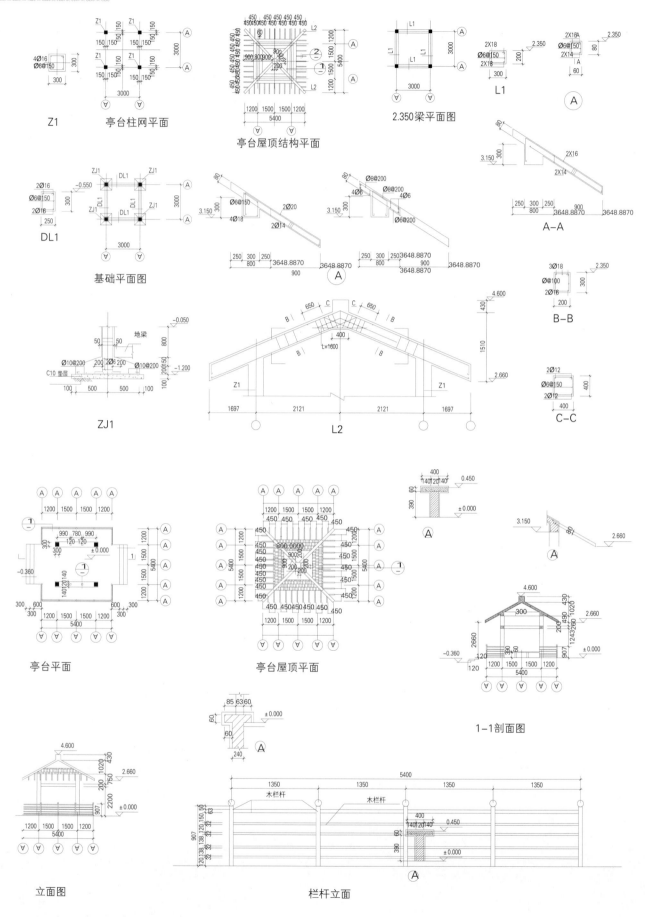

方亭【2】亭子

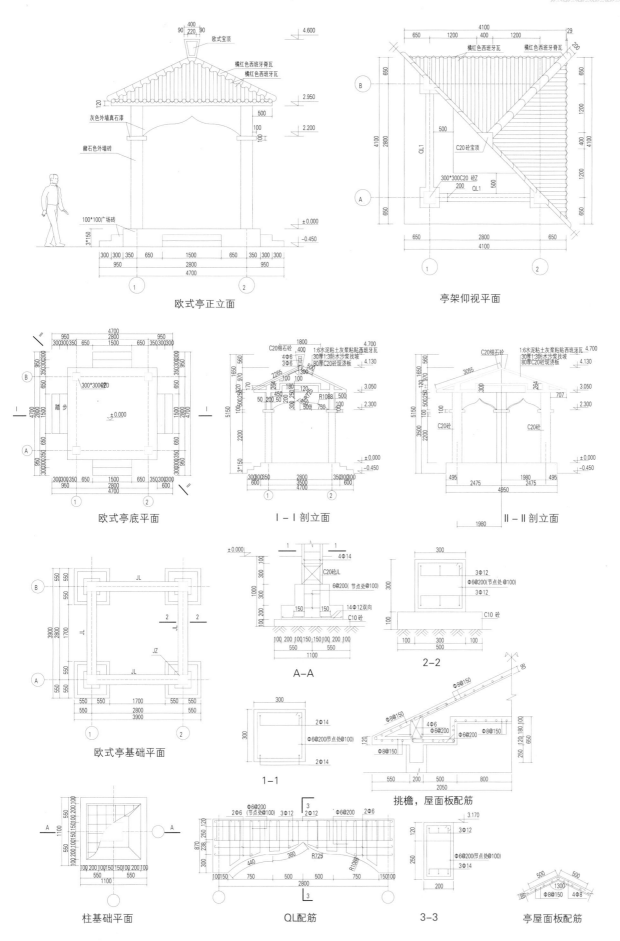

# 亭子【2】方亭

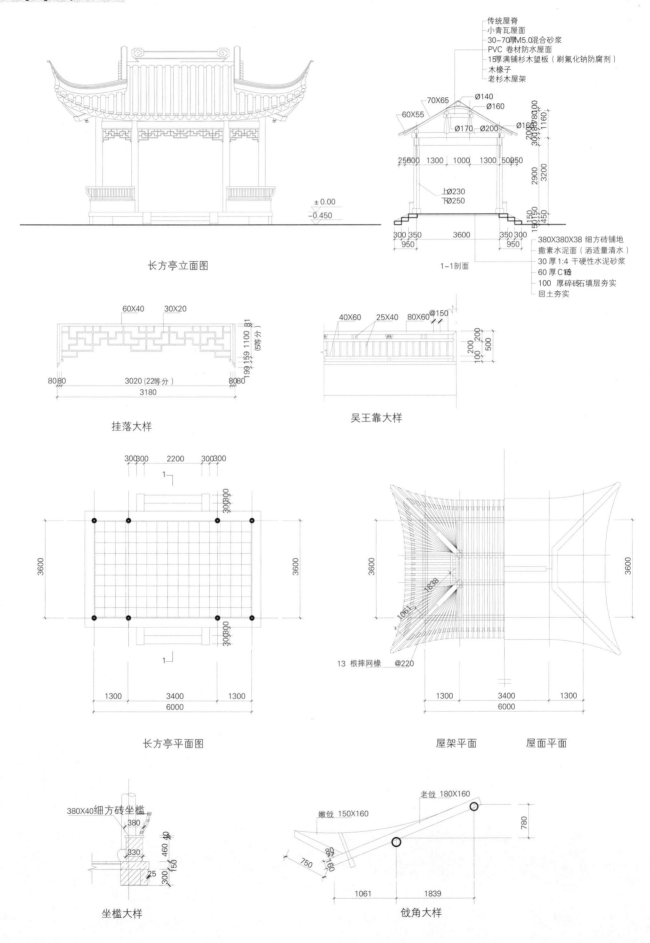

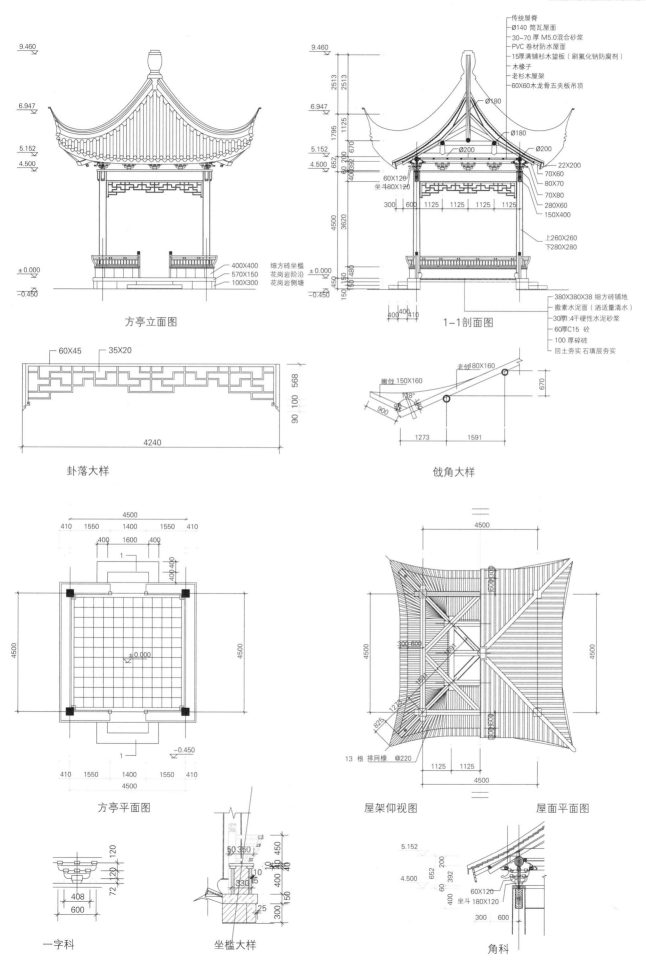

# 亭子【2】方亭

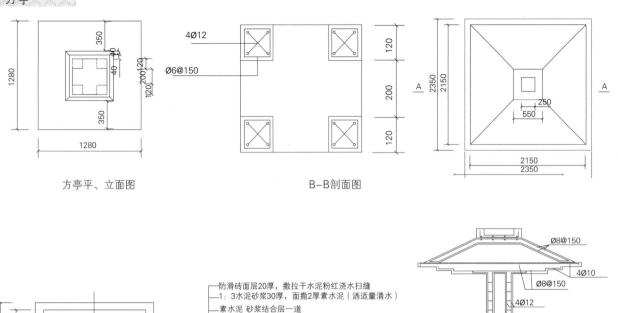

方亭平、立面图　　B-B剖面图

方亭基础面图　　防滑砖地台剖面图　　方亭A-A剖面图

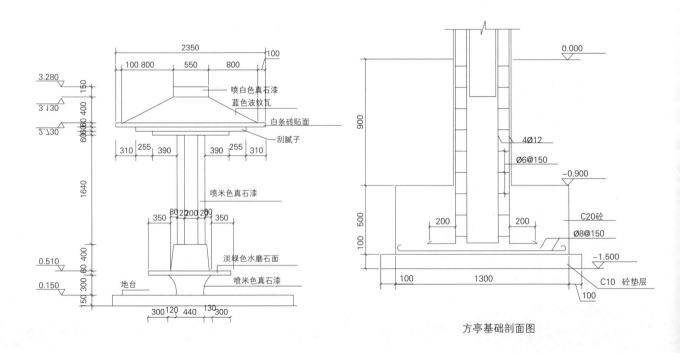

方亭基础剖面图

方亭【2】亭子

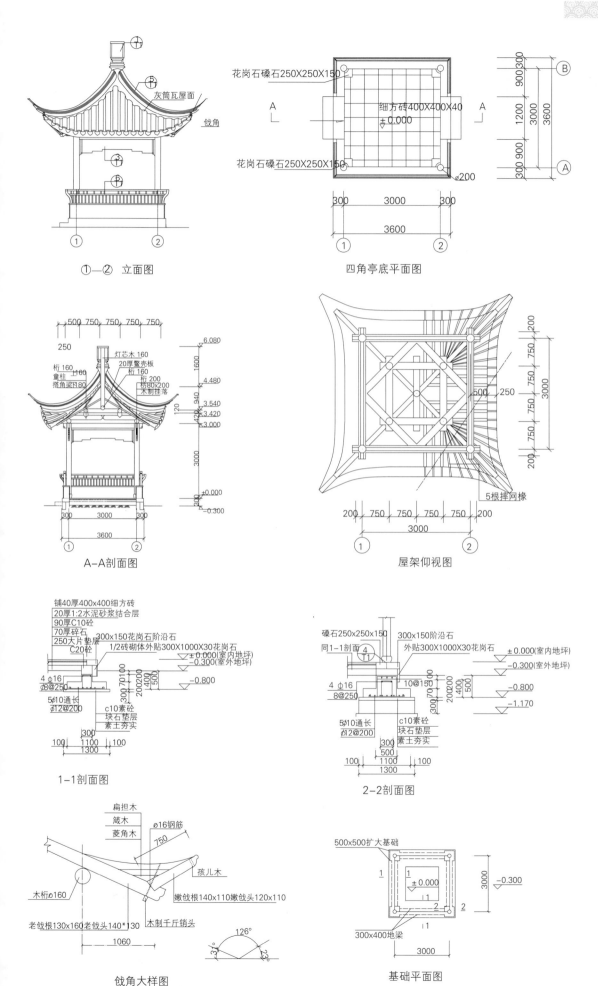

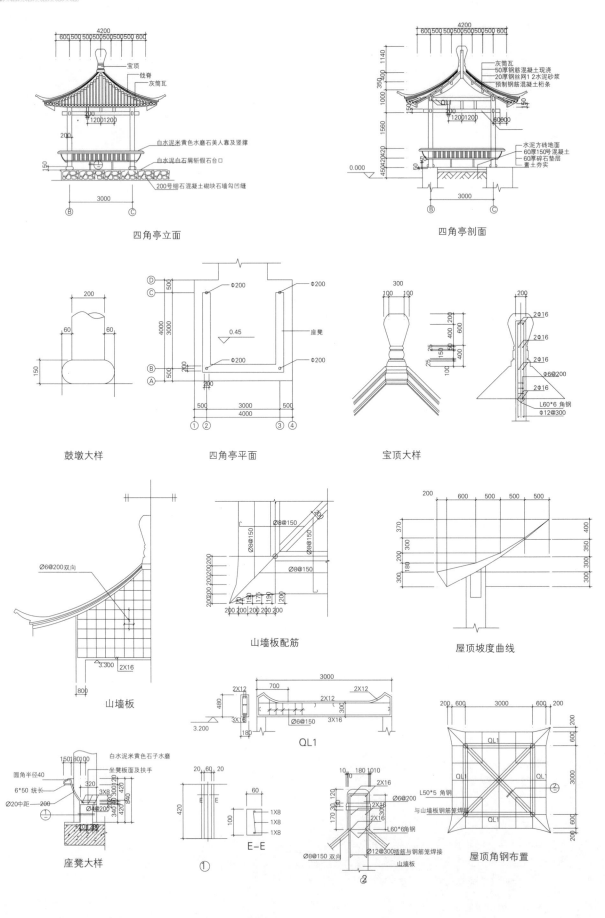

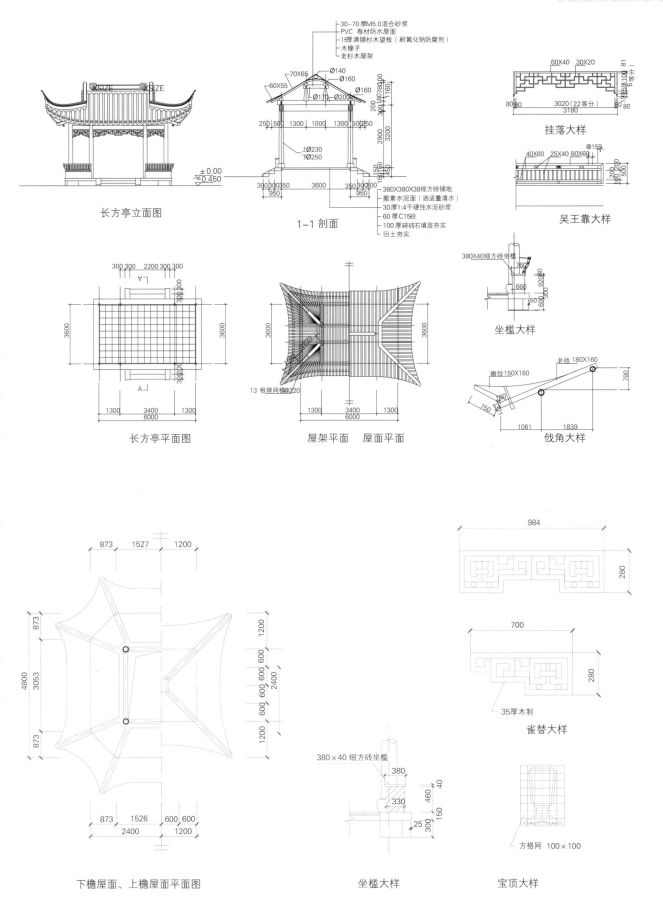

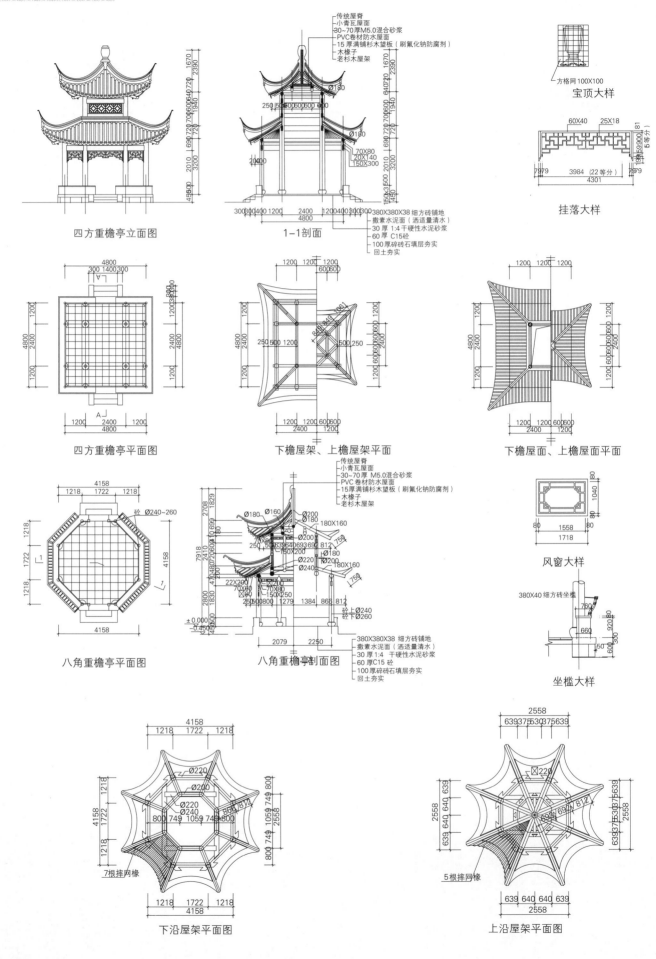

方亭【2】亭子

歇山方亭立面图　　1∶50

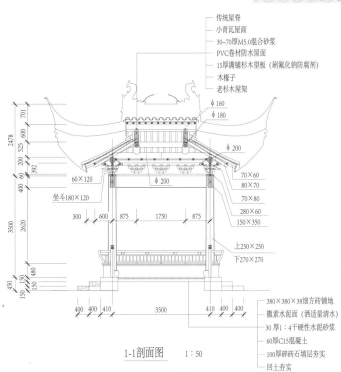

1-1剖面图　　1∶50

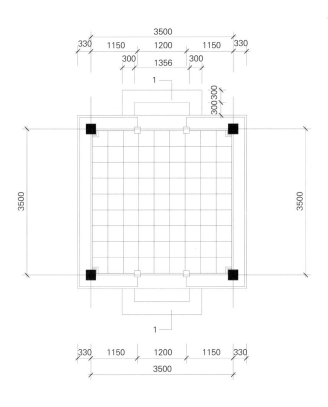

歇山方亭平面图

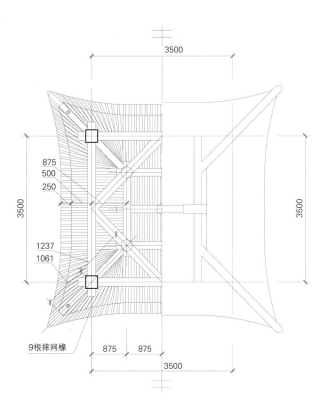

屋架仰视图　　屋面平面图

# 亭子【2】方亭

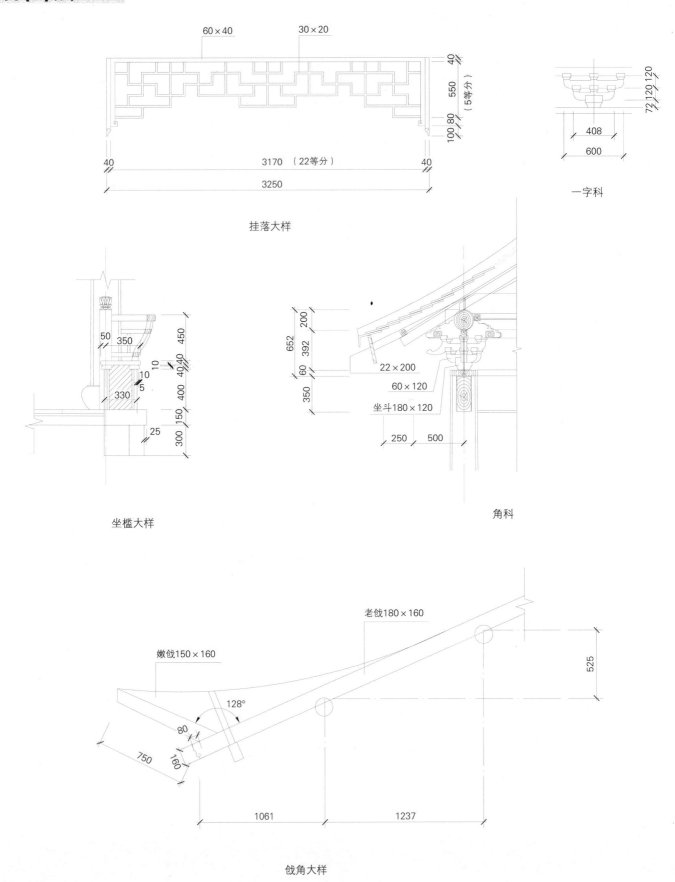

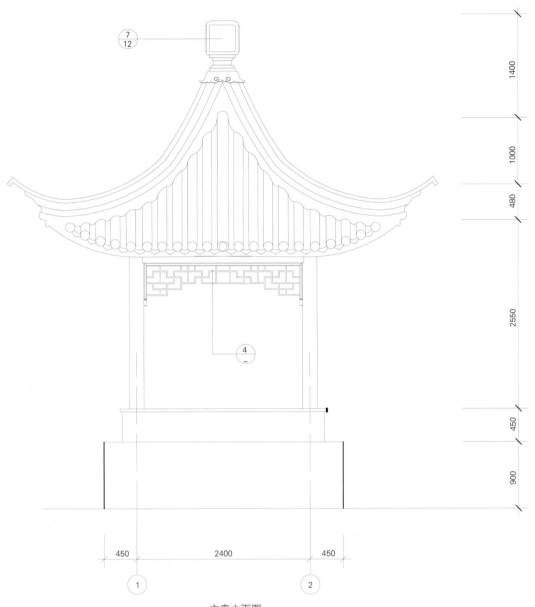

方亭立面图

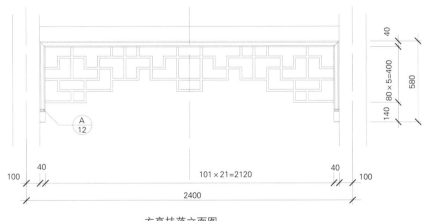

方亭挂落立面图

# 亭子【2】方亭

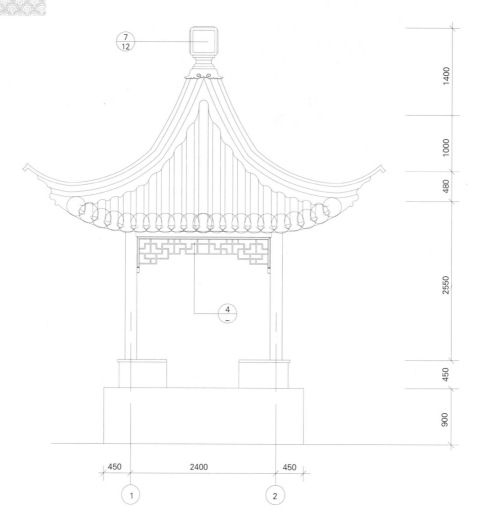

方亭立面图

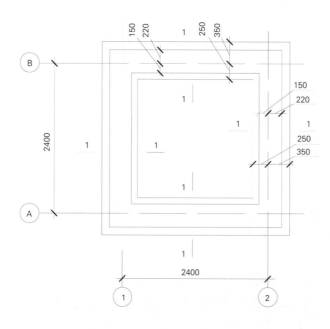

方亭基础平面图

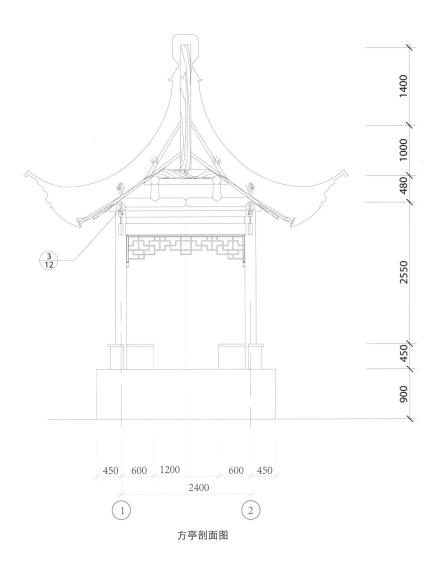

方亭剖面图

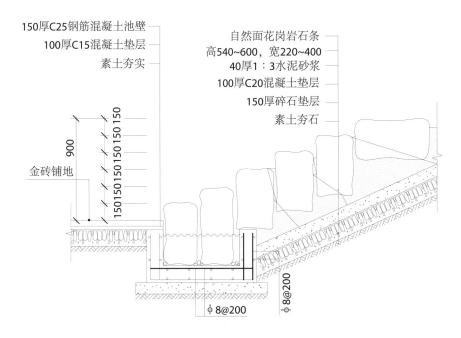

3-3剖面图

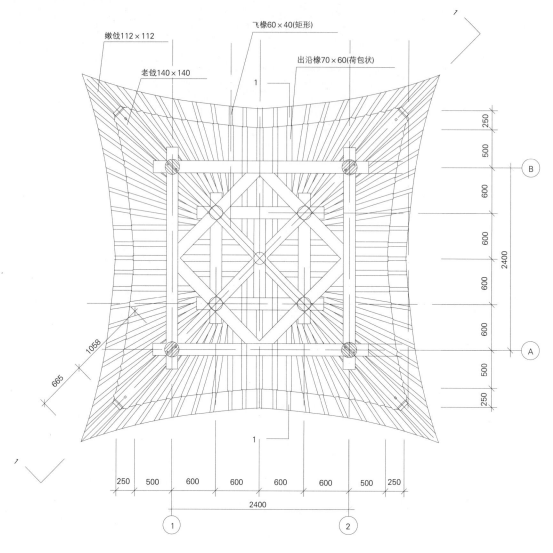

方亭构架仰视图

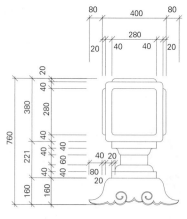
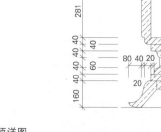

方亭宝顶详图

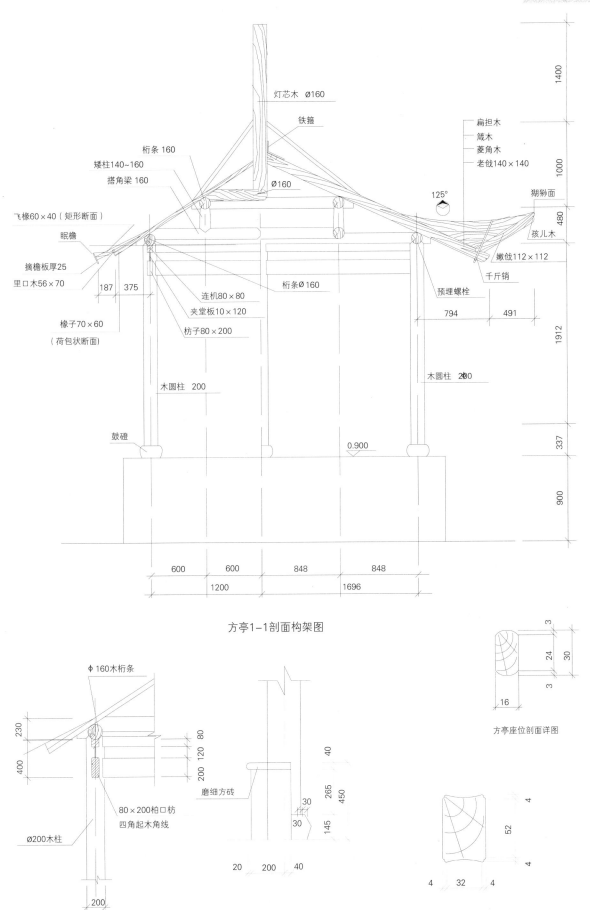

方亭1-1剖面构架图

方亭座位剖面详图

方亭座位剖面详图

方亭座位剖面详图

方亭座位剖面详图

## 亭子【2】方亭

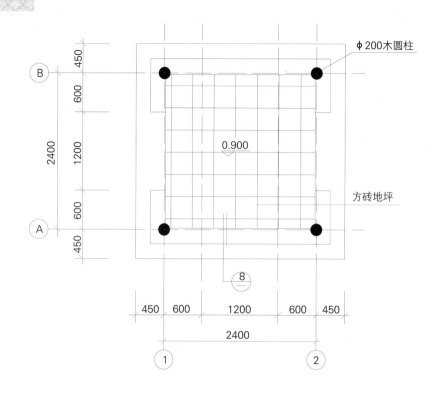

方亭平面图

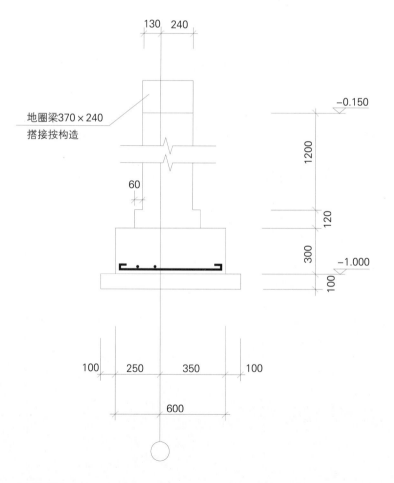

1—1剖面图

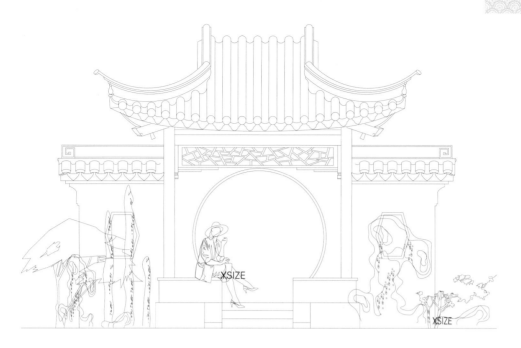

景墙月洞方亭正立面图

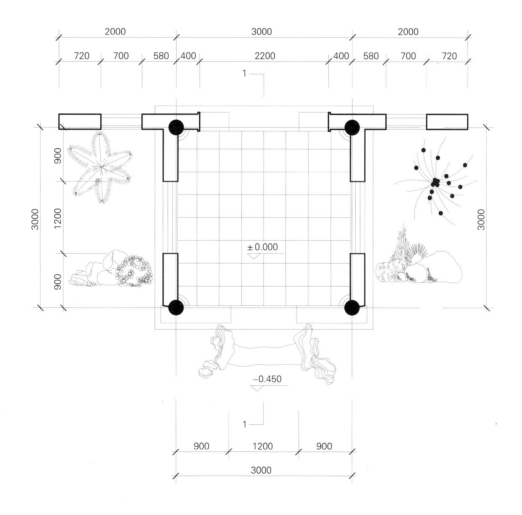

景墙月洞方亭平面图

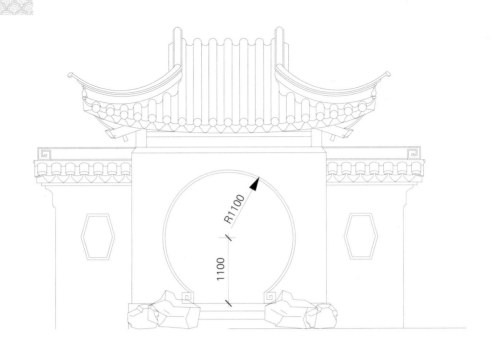

景墙月洞方亭背立面图

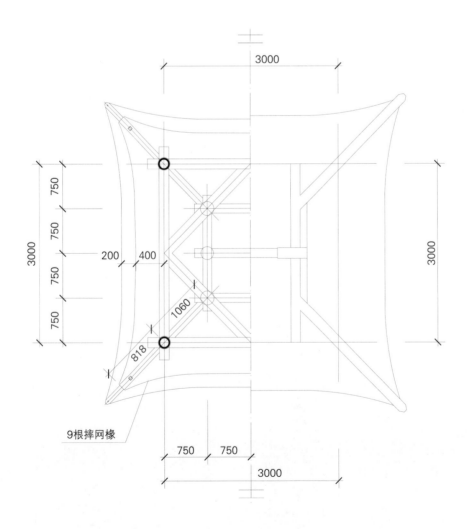

9根摔网椽

方亭【2】亭子

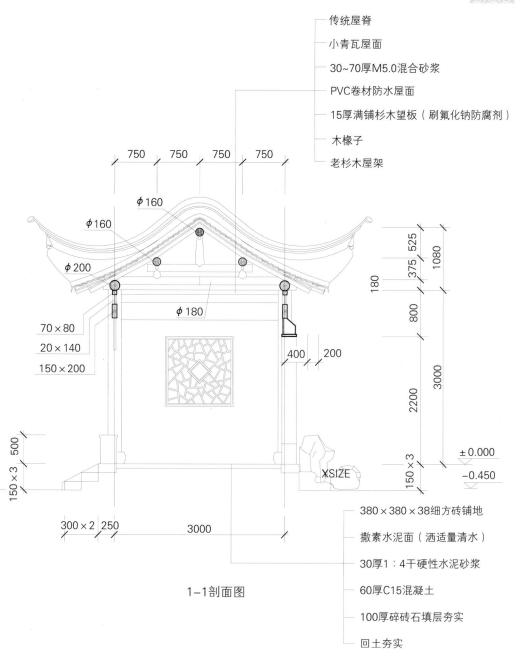

1-1剖面图

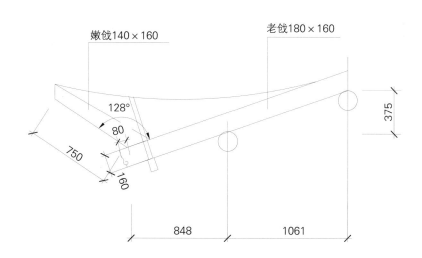

# 亭子【2】方亭

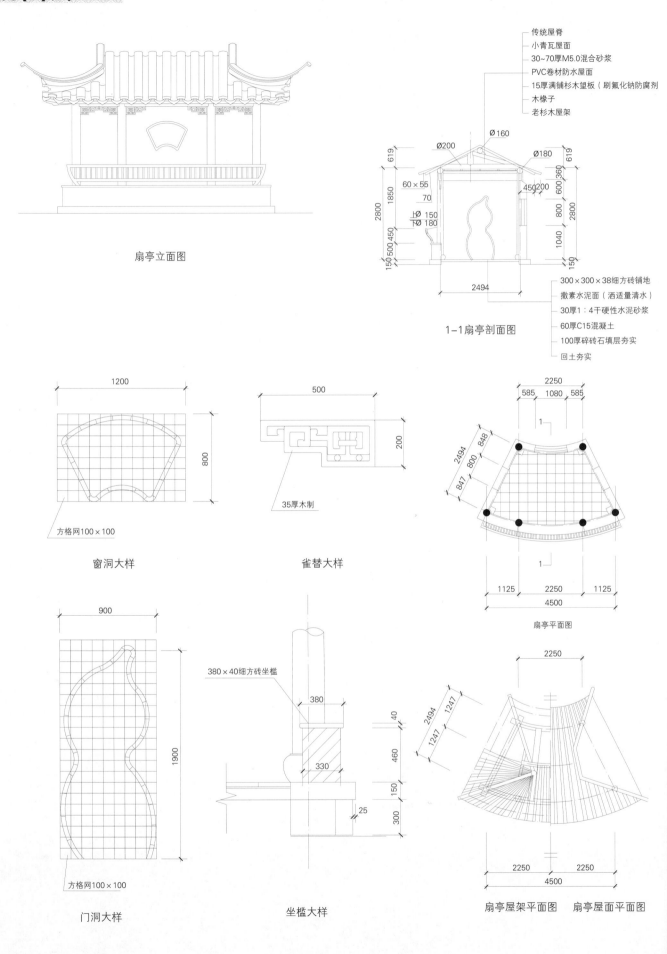

方亭【2】亭子

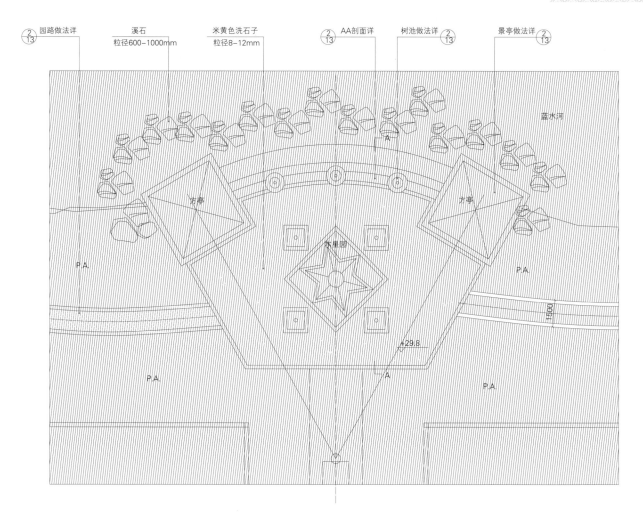

景观节点

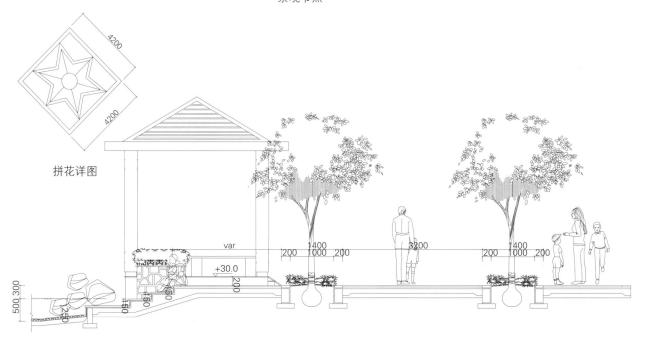

景观节点 剖面

# 亭子【2】方亭

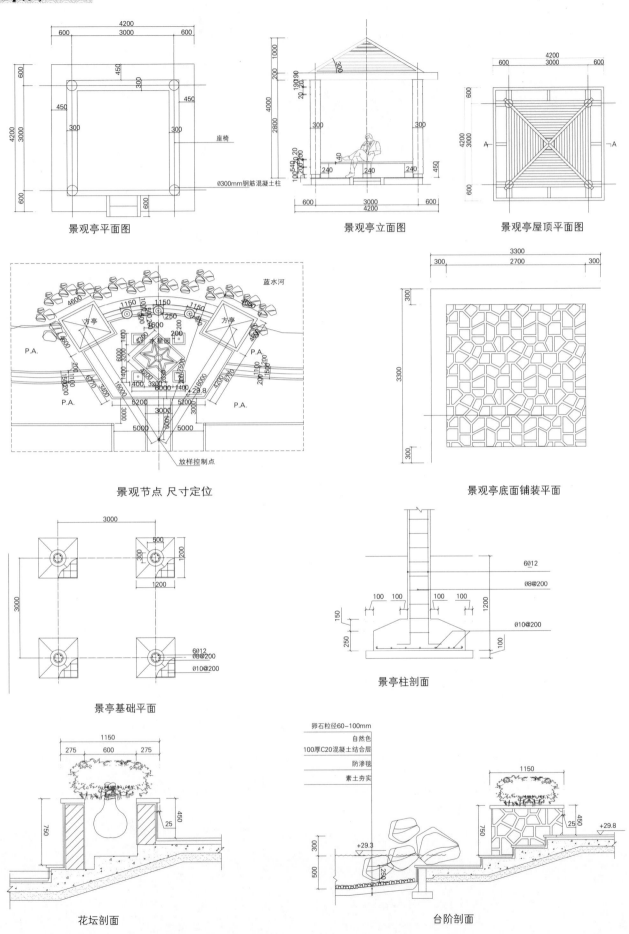

景观亭平面图  景观亭立面图  景观亭屋顶平面图

景观节点 尺寸定位  景观亭底面铺装平面

景亭基础平面  景亭柱剖面

花坛剖面  台阶剖面

方亭【2】亭子

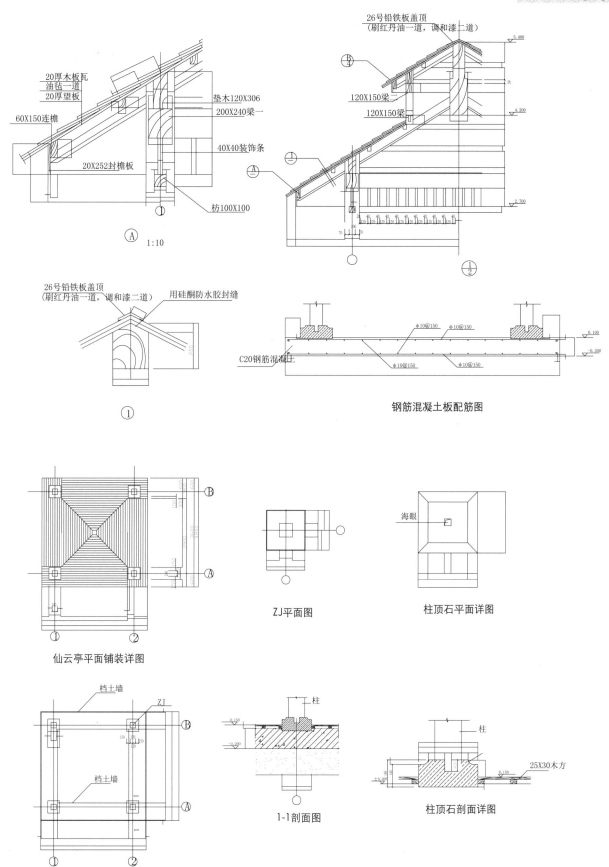

## 亭子【2】方亭

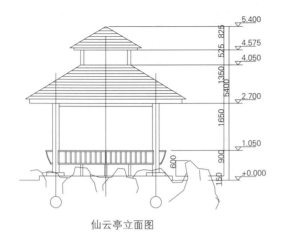

仙云亭立面图

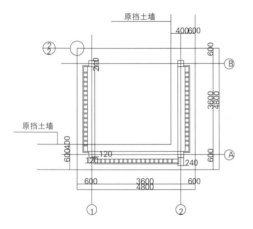

仙云亭一层平面图

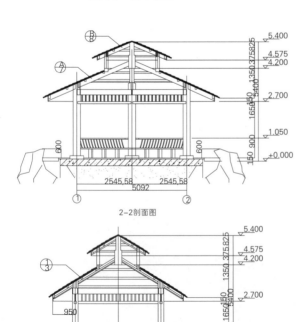

2-2剖面图

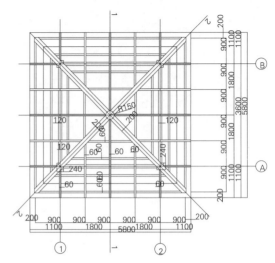

一层屋顶木构架平面布置图

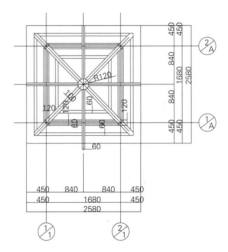

二层屋顶木构架平面布置图

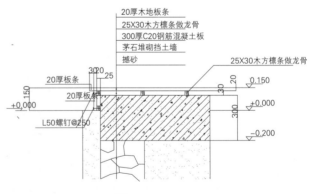

+0.000以下详细做法见亭基础断面图

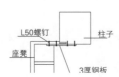

方亭【2】亭子

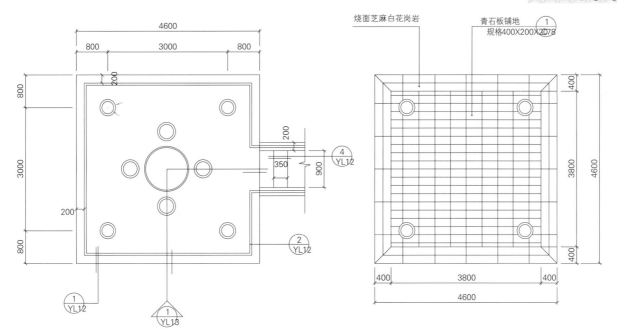

① 亭区平面图

② 亭区铺装平面图

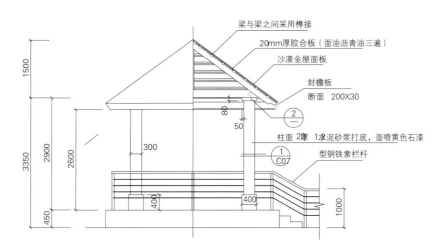

① 亭剖立面图

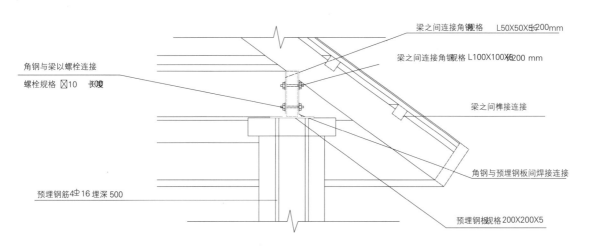

② 梁柱节点连接详图

153

# 亭子【2】方亭

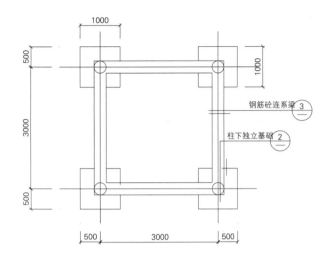

① 亭基础平面图

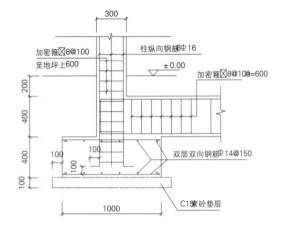

② 亭基础剖面图

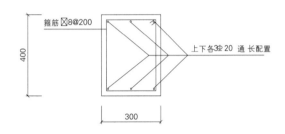

③ 地基连系梁详图

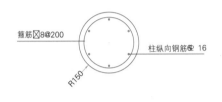

④ 亭柱配筋图

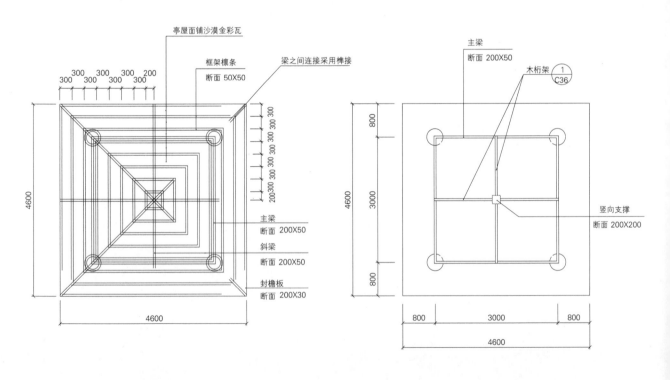

① 亭架平面图

② 亭架主梁平面图

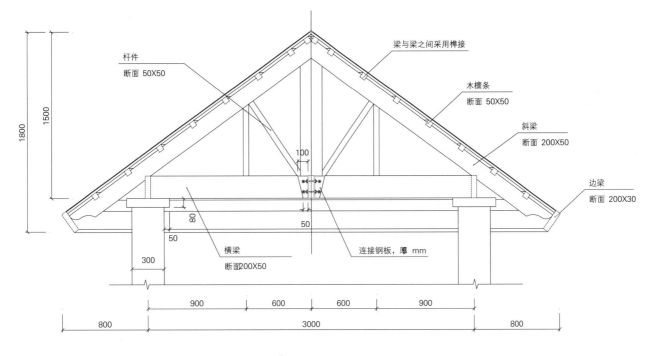

① 亭木桁架大样图

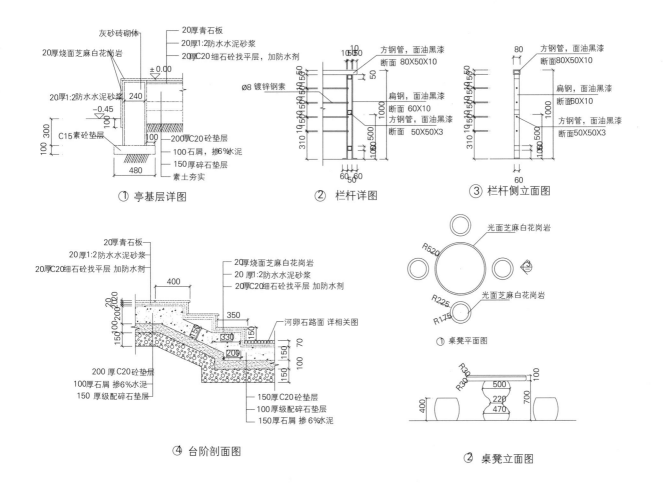

① 亭基层详图　② 栏杆详图　③ 栏杆侧立面图

④ 台阶剖面图　① 桌凳平面图　② 桌凳立面图

## 亭子【2】方亭

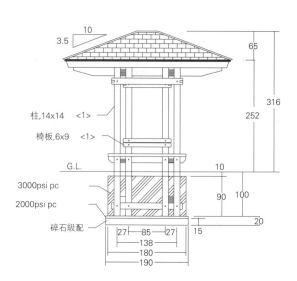

平面图

剖立面图

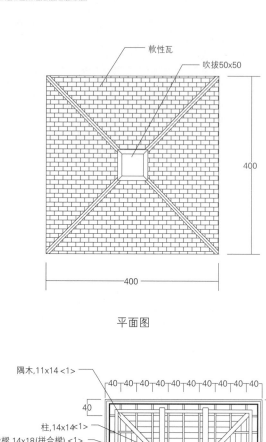

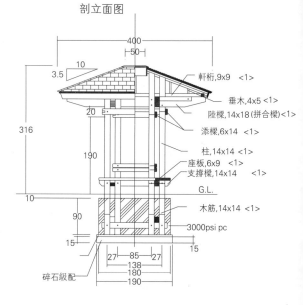

屋顶上视图

立面图断面图

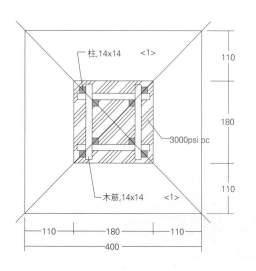

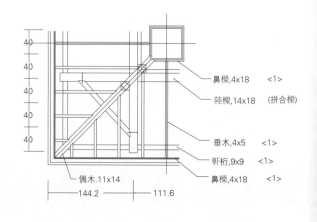

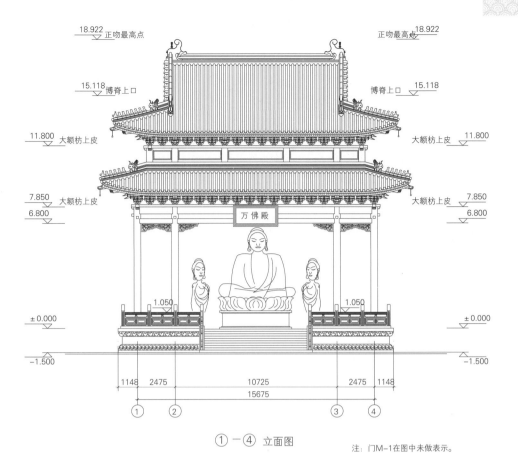

①—④ 立面图　　　　注：门M-1在图中未做表示。

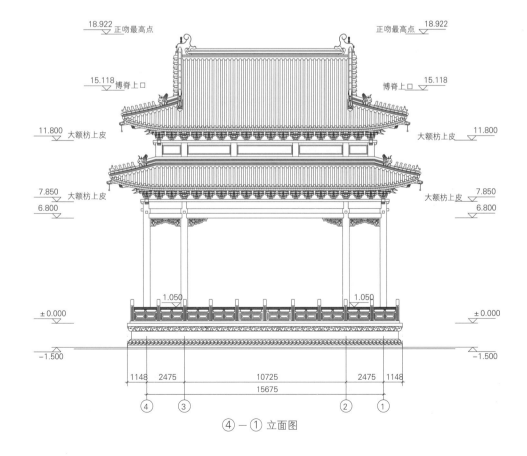

④—① 立面图

# 亭子【2】方亭

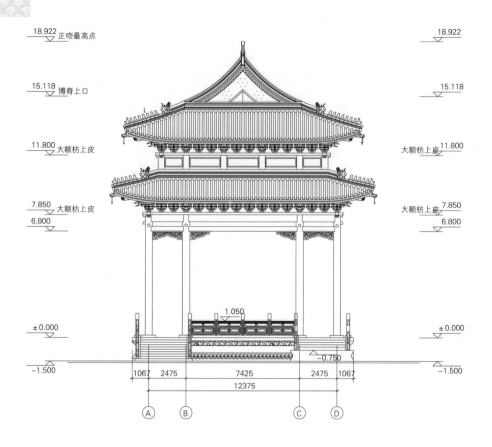

Ⓐ-Ⓓ 立面图

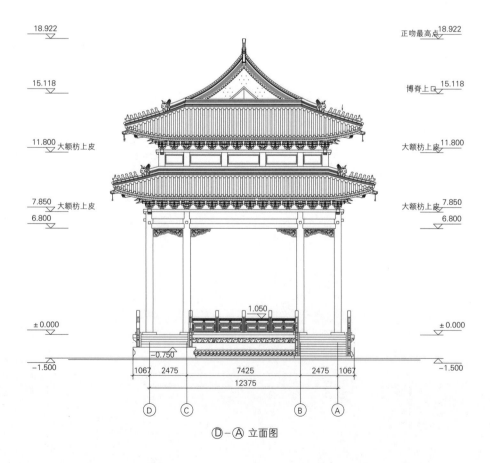

Ⓓ-Ⓐ 立面图

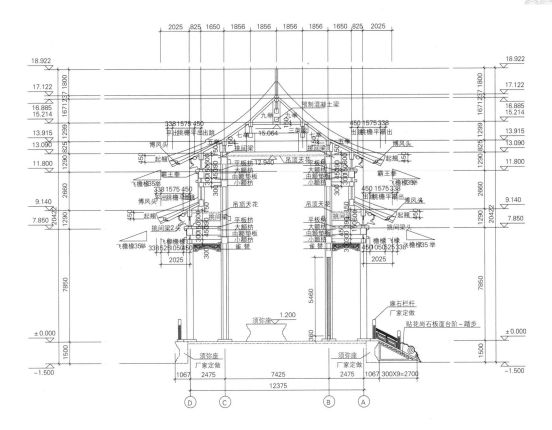

1-1剖面图

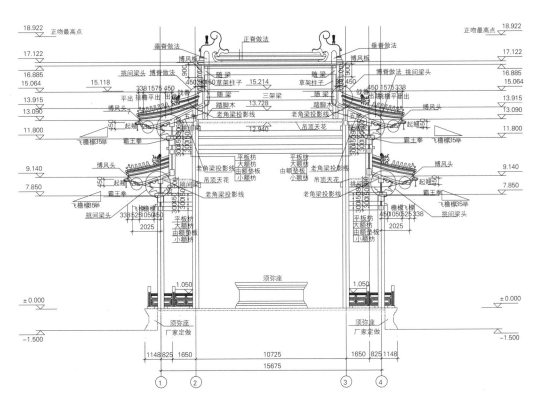

2-2剖面图

# 亭子【2】方亭

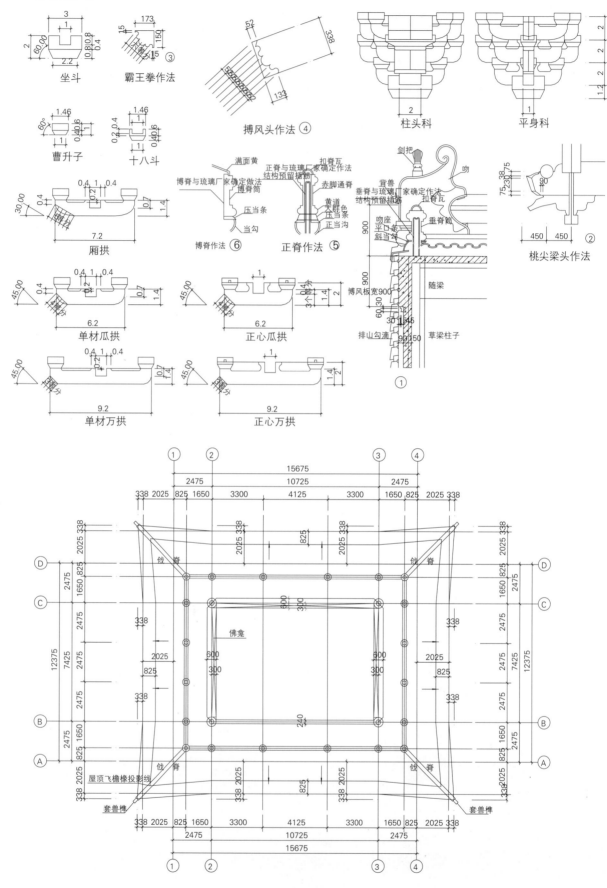

一层屋檐平面图

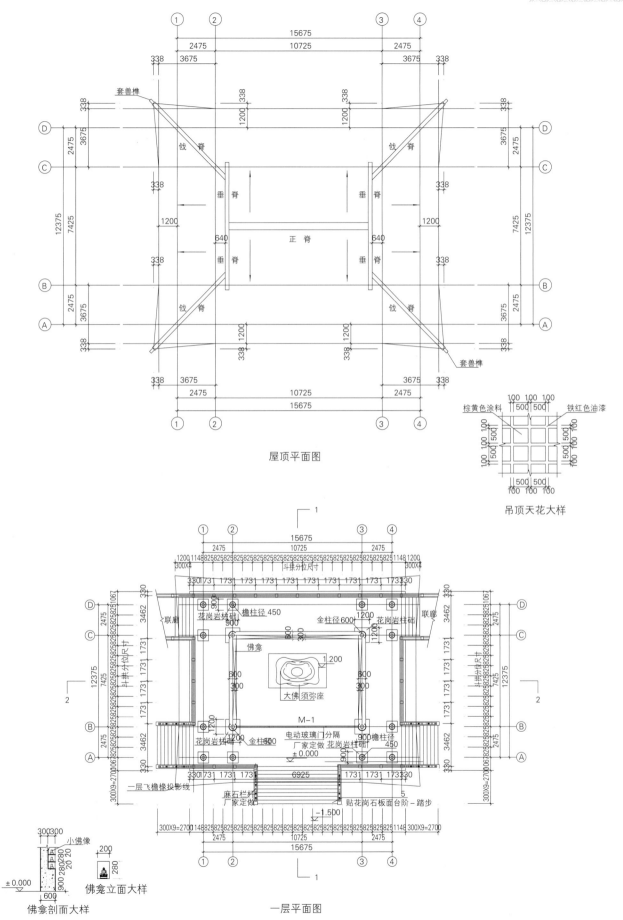

# 亭子【2】方亭

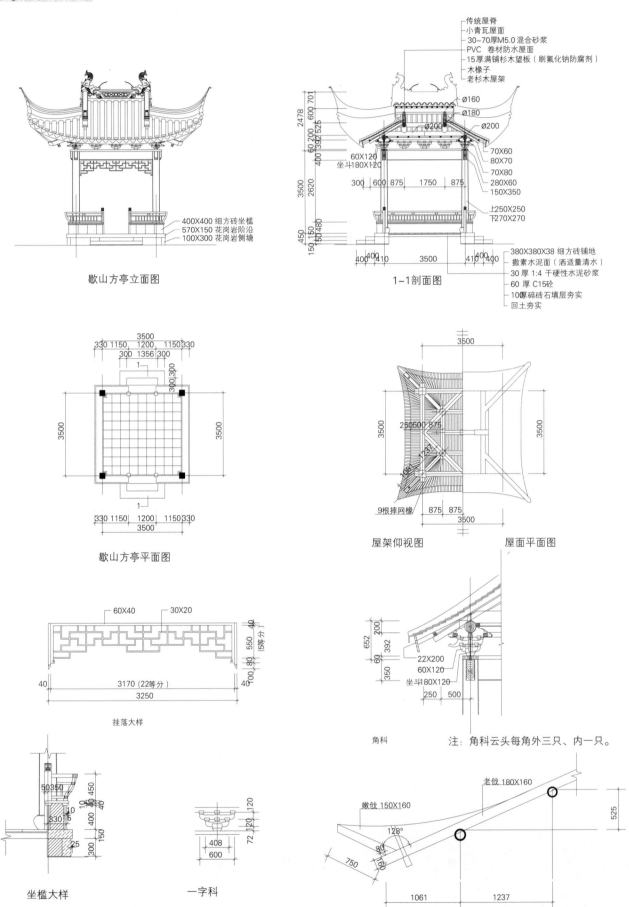

# 方亭【2】亭子

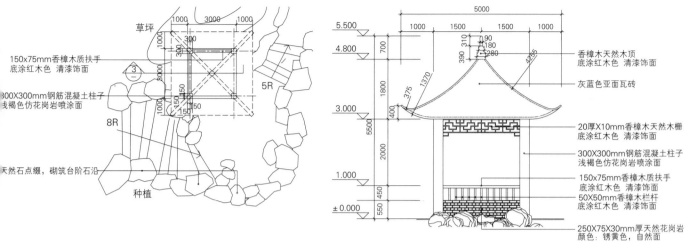

中国式凉亭平面图

中国式凉亭立面图

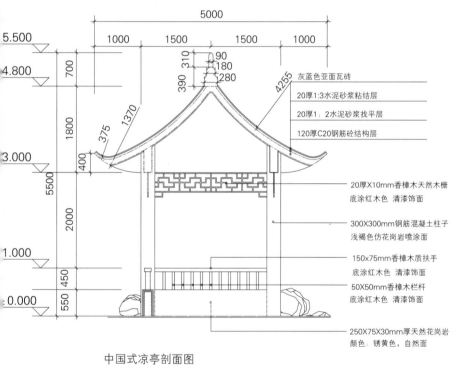

中国式凉亭剖面图

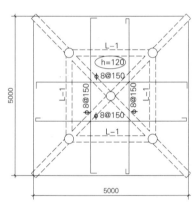

中国式凉亭屋面结构平面

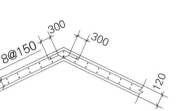

屋脊大样图

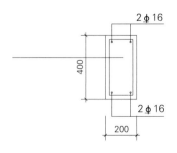

L-1配筋大样图

# 亭子【3】多边亭

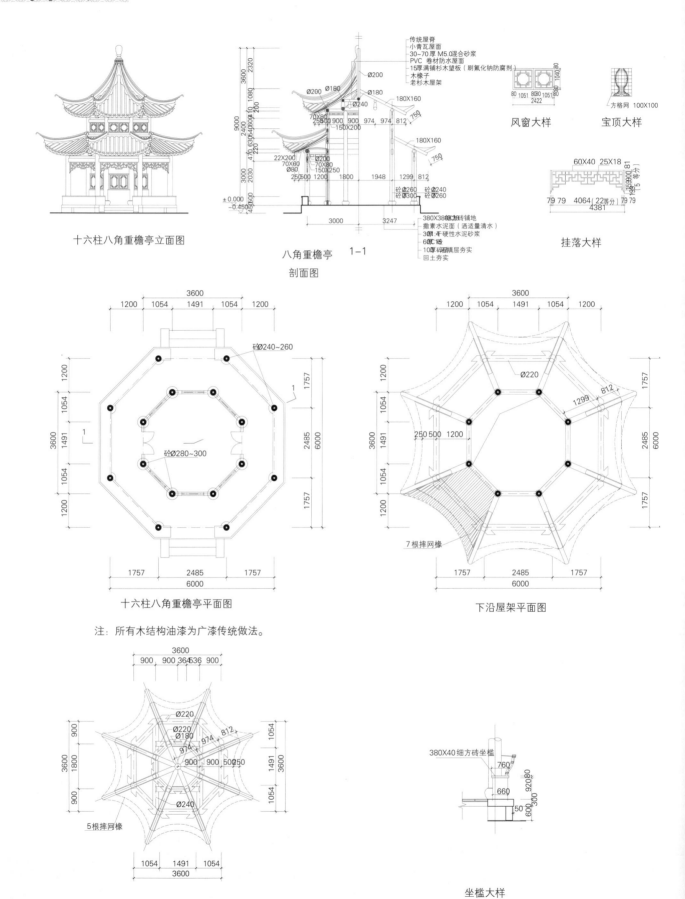

# 多边亭【3】亭子

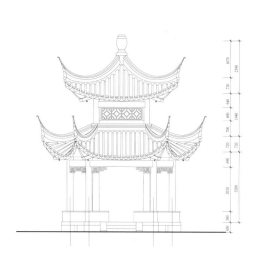

八角四方重檐亭立面图

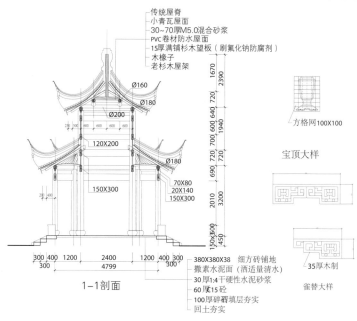

传统屋脊
小青瓦屋面
30~70厚M5.0混合砂浆
PVC卷材防水屋面
15厚满铺杉木望板（刷氟化钠防腐剂）
木椽子
老杉木屋架

1-1剖面

380X380X38 细方砖铺地
撒素水泥面（洒适量清水）
30厚1:4干硬性水泥砂浆
60厚C15砼
100厚碎砖填层夯实
回土夯实

方格网100X100

宝顶大样

35厚木制

雀替大样

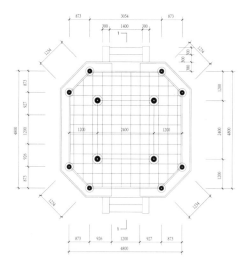

八角四方重檐亭平面图

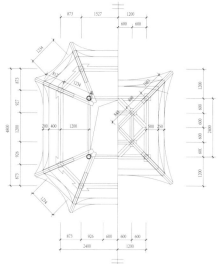

下檐屋架、上檐屋架平面

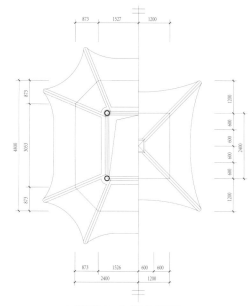

下檐屋面、上檐屋面平面

380X40 细方砖坐槛

坐槛大样

# 亭子【3】多边亭

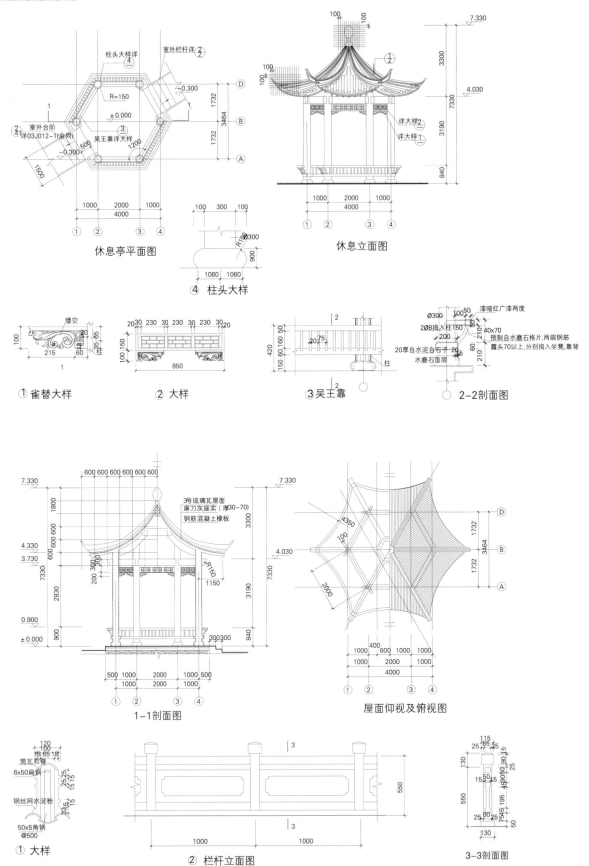

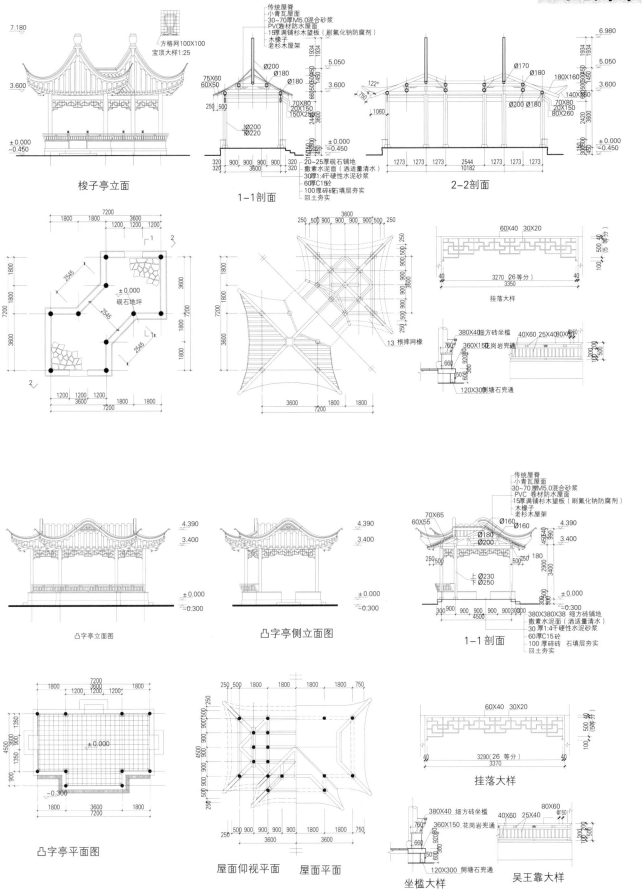

# 亭子【3】多边亭

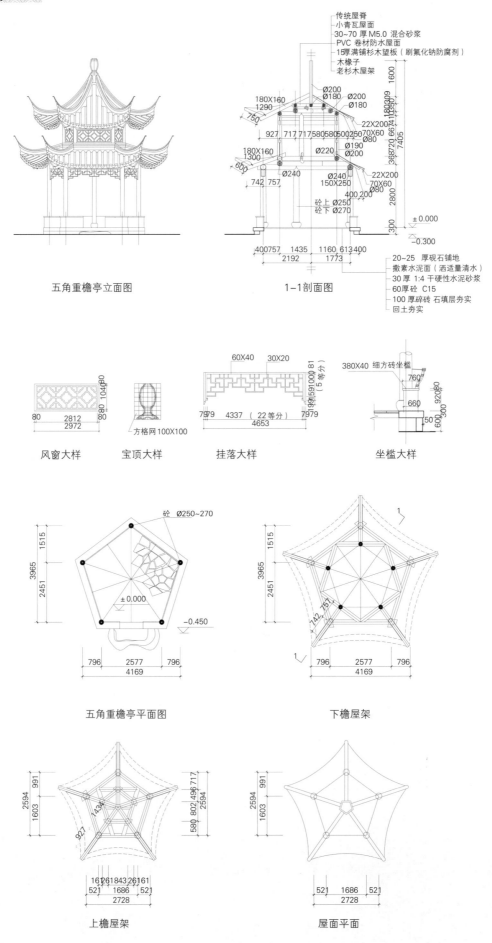

五角重檐亭立面图

1-1剖面图

风窗大样　　宝顶大样　　挂落大样　　坐槛大样

五角重檐亭平面图　　下檐屋架

上檐屋架　　屋面平面

多边亭【3】亭子

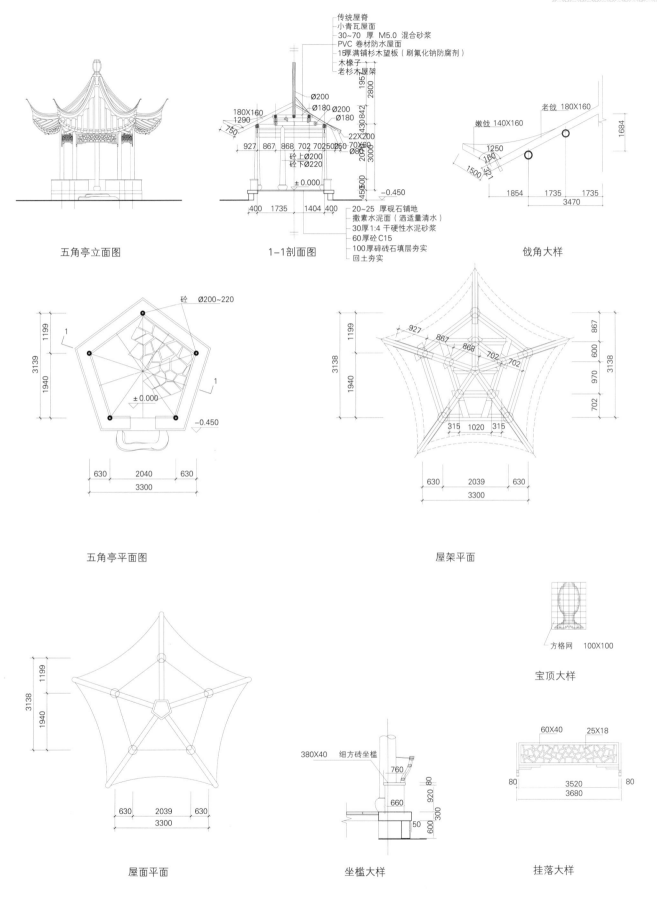

五角亭立面图　　1-1剖面图　　戗角大样

五角亭平面图　　屋架平面

宝顶大样

屋面平面　　坐槛大样　　挂落大样

# 亭子【3】多边亭

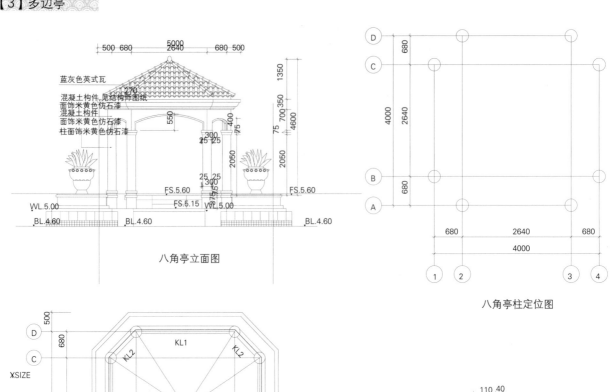

八角亭立面图

八角亭柱定位图

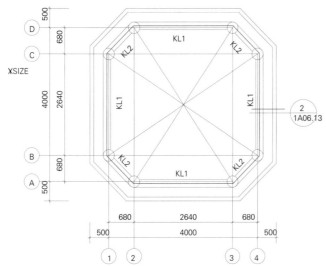

八角亭屋顶结构平面图

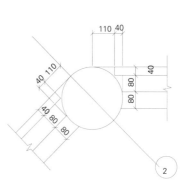

线脚开法示意图

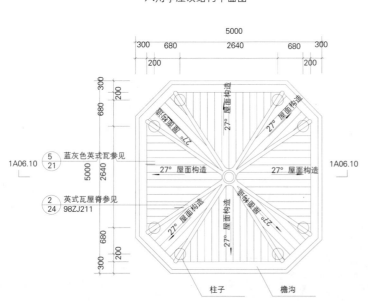

八角亭屋顶平面图

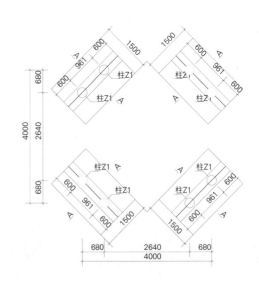

八角亭台基础平面图

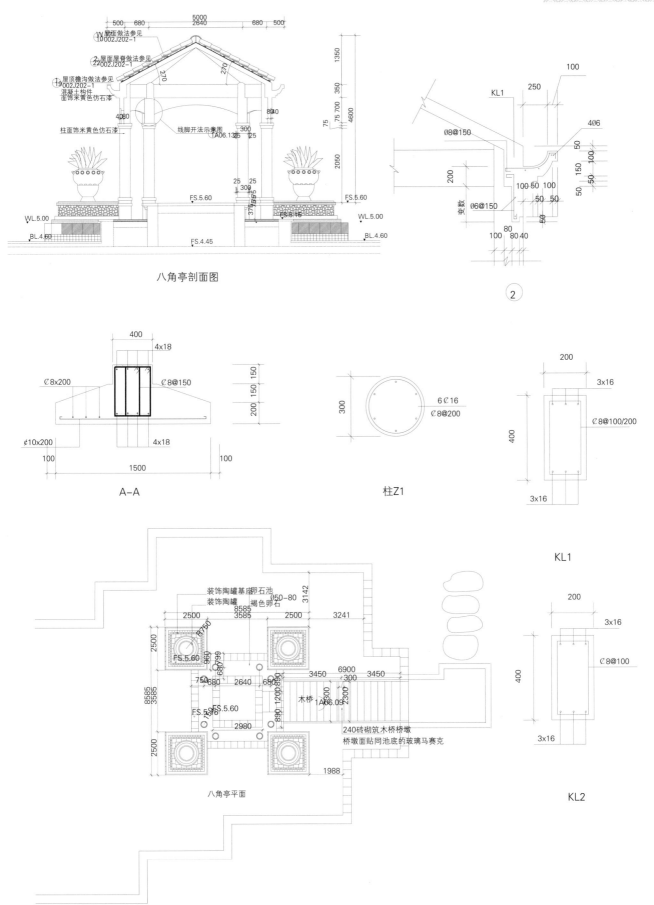

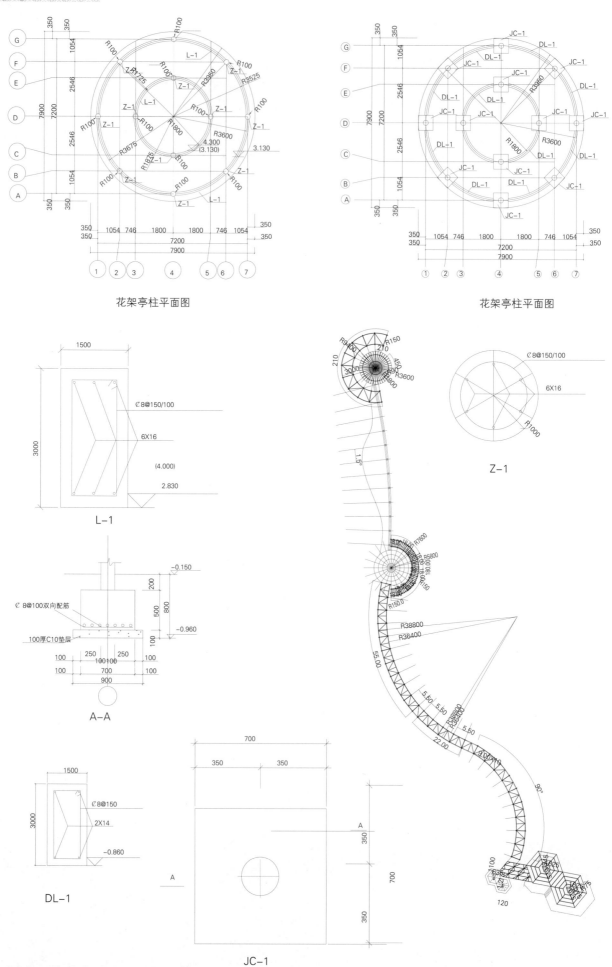

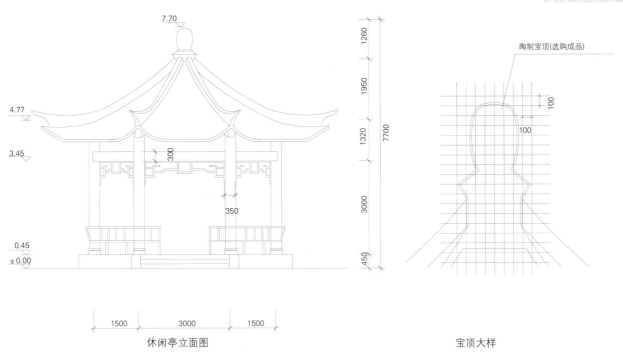

休闲亭立面图　　　　　　宝顶大样

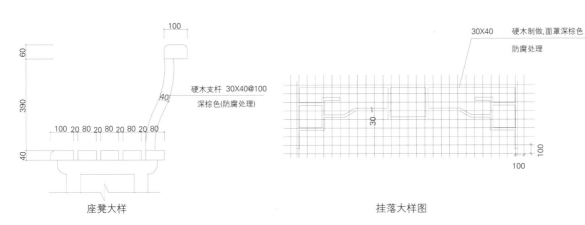

座凳大样　　　　　　挂落大样图

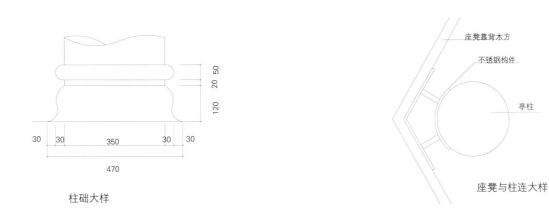

柱础大样　　　　　　座凳与柱连大样

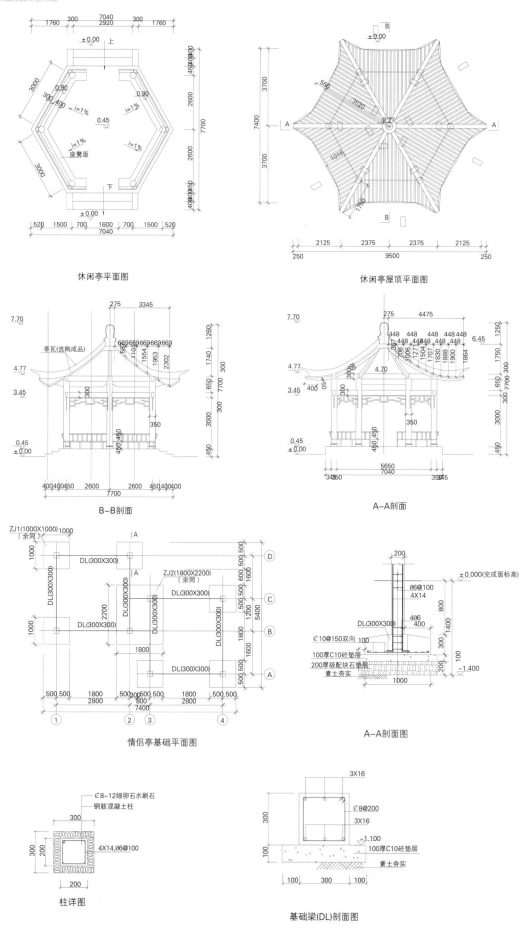

多边亭【3】亭子

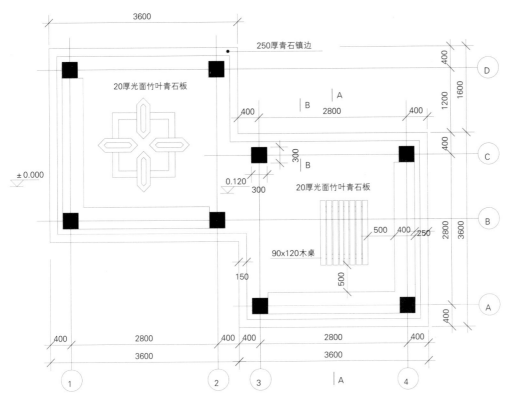

情侣亭底平面图

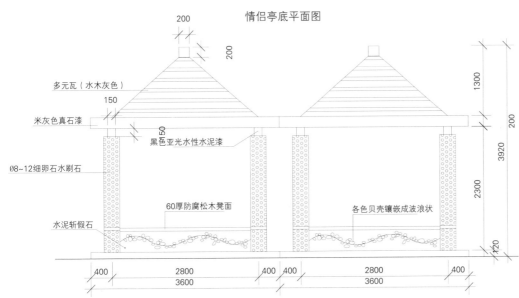

情侣亭立面图

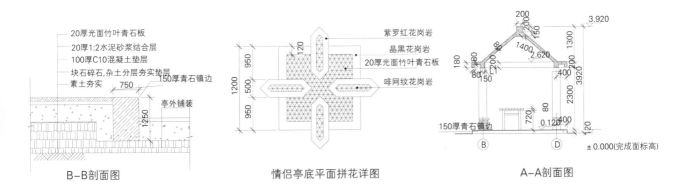

B-B剖面图　　　情侣亭底平面拼花详图　　　A-A剖面图

# 亭子【3】多边亭

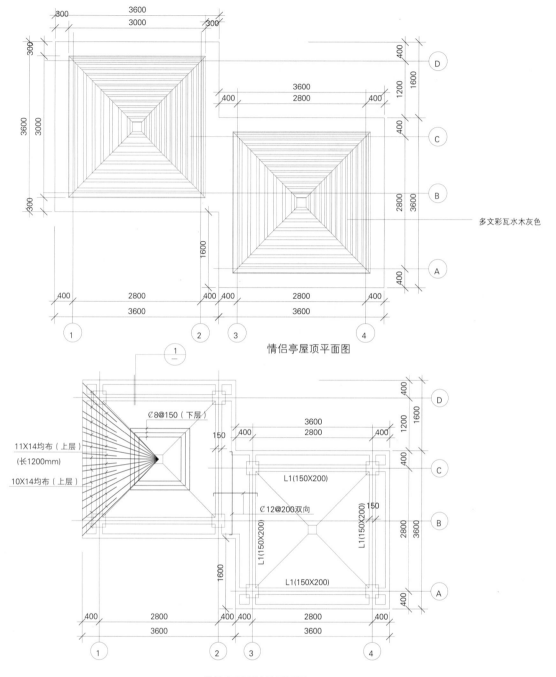

情侣亭屋顶平面图

情侣亭屋顶结构平面图
(板厚80mm)

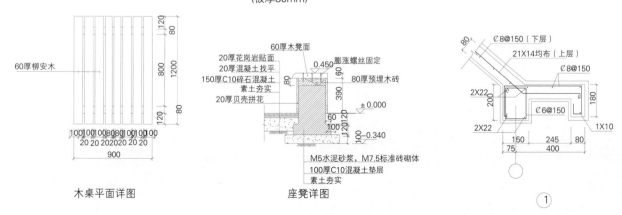

木桌平面详图　　座凳详图

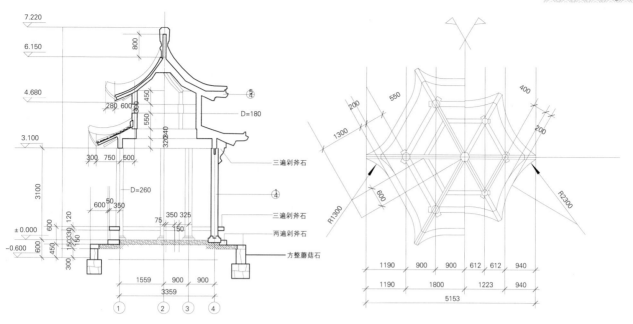

A-A剖面图

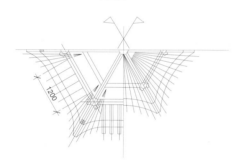

亭顶仰视平面图

下檐翼角平面详图　　上檐翼角平面详图

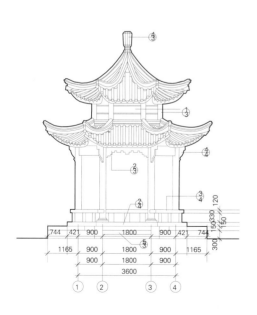

亭顶立面图

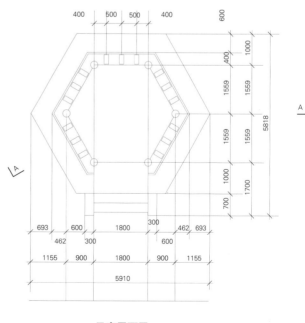

凤亭平面图

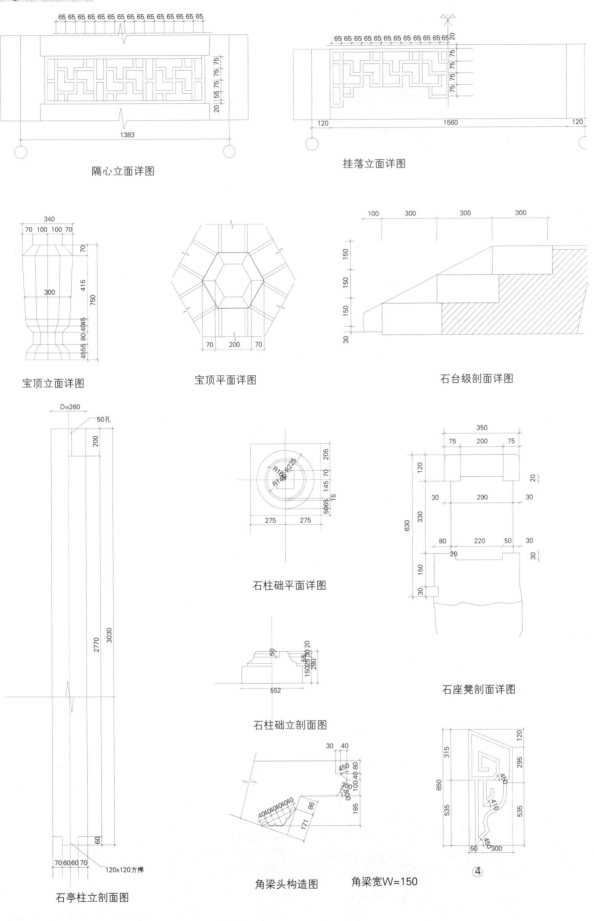

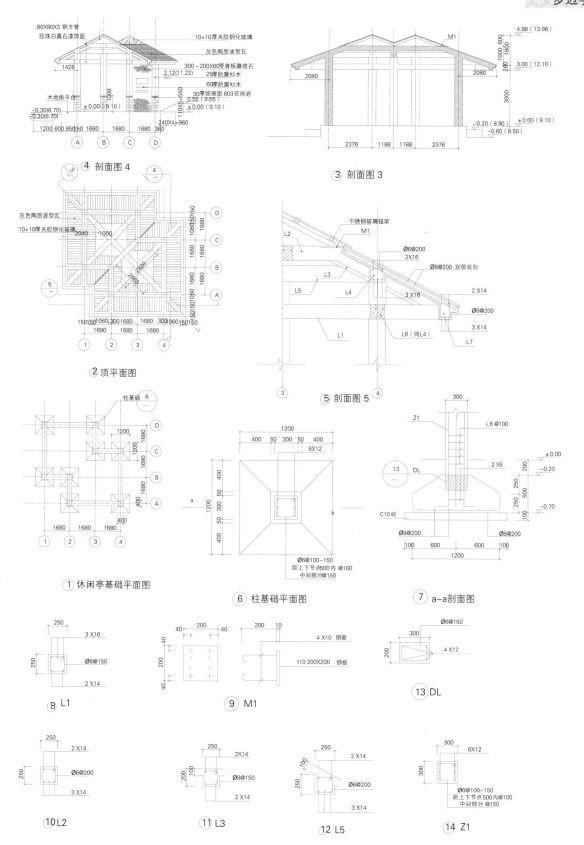

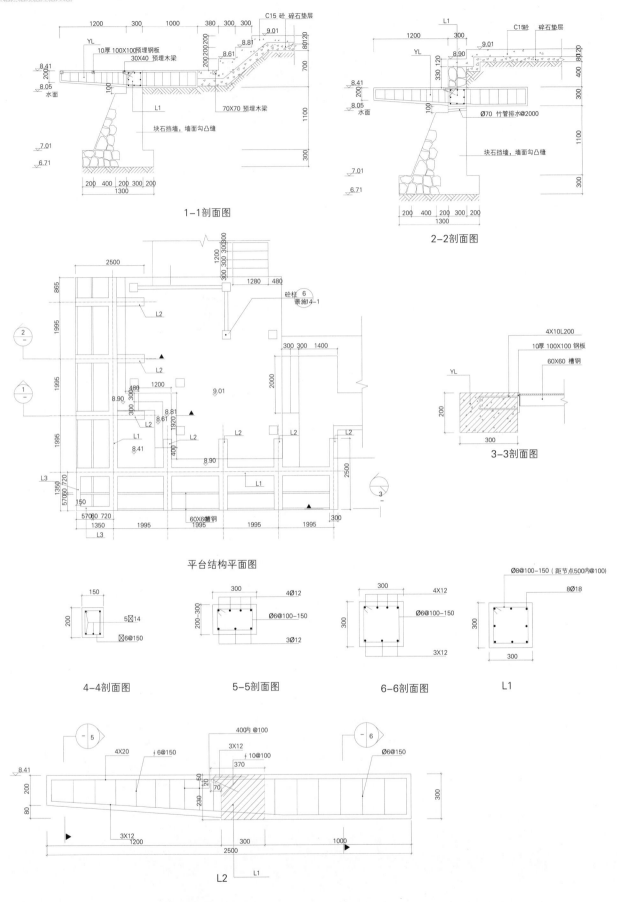

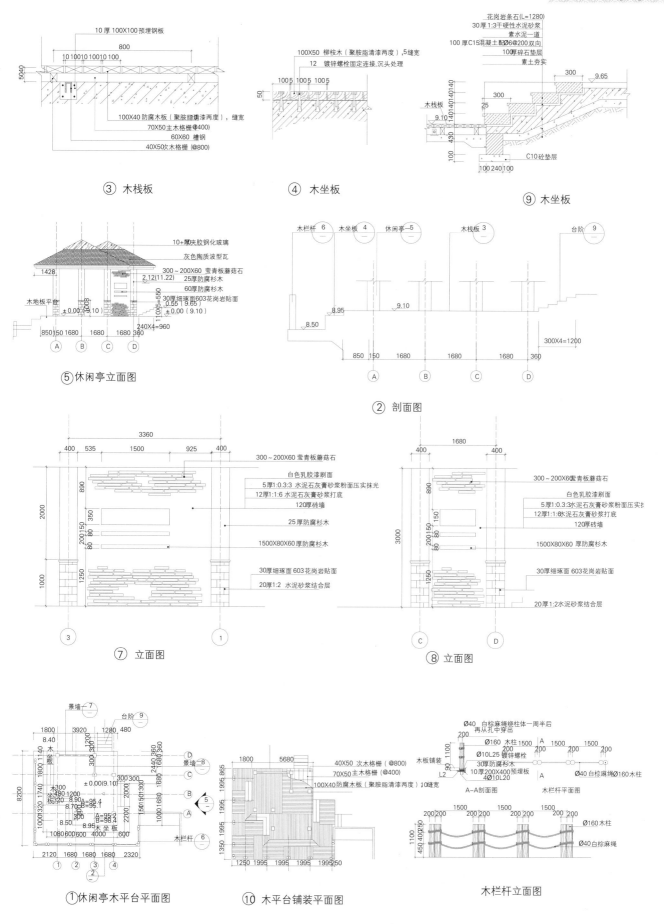

# 亭子【3】多边亭

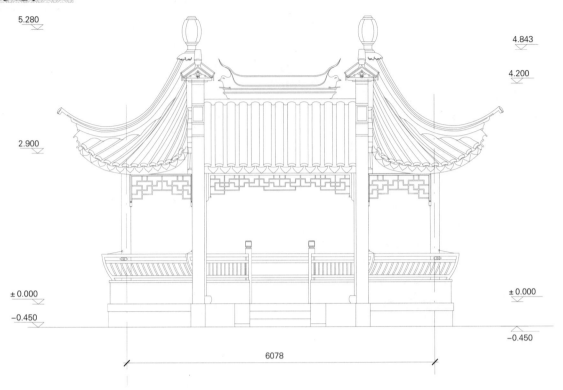

六角组合亭正立面图

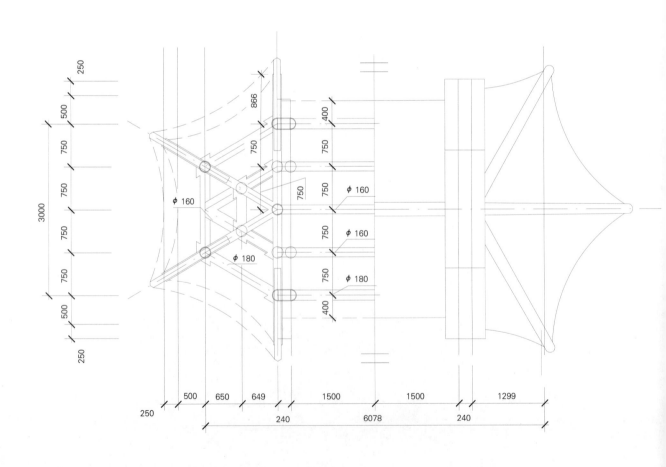

六角组合亭侧立面图

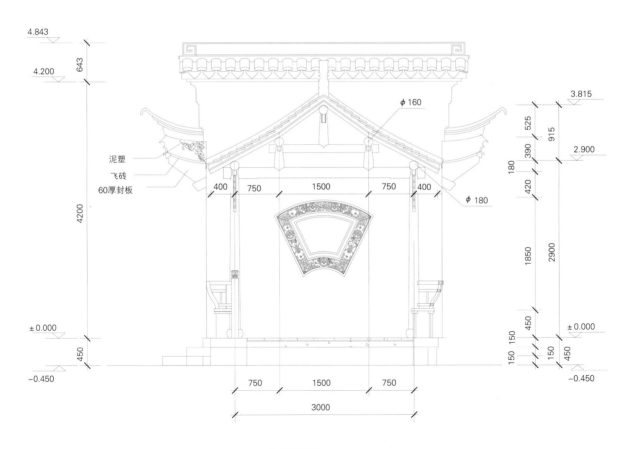

2-2剖面图

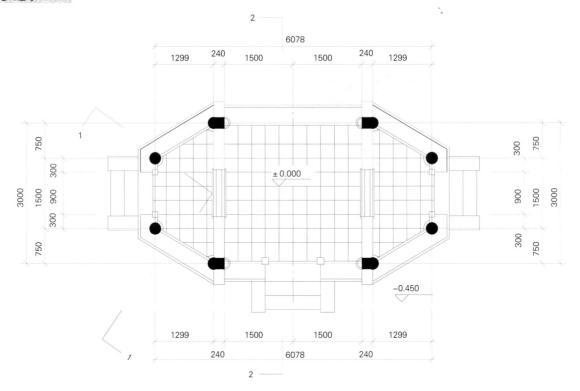

六角组合亭平面图

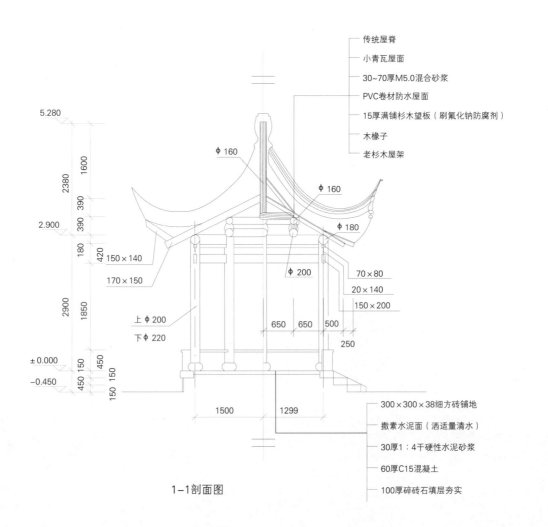

1-1剖面图

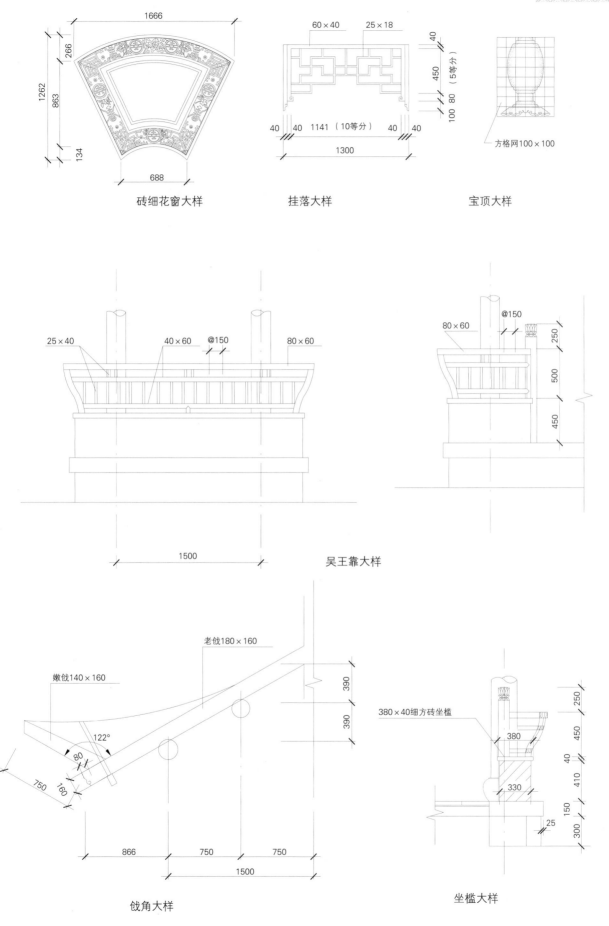

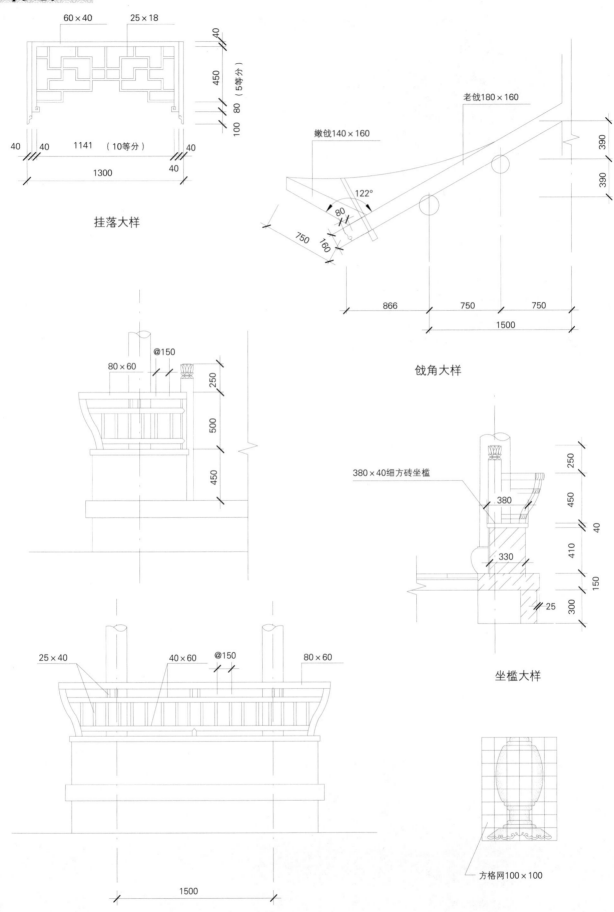

多边亭【3】亭子

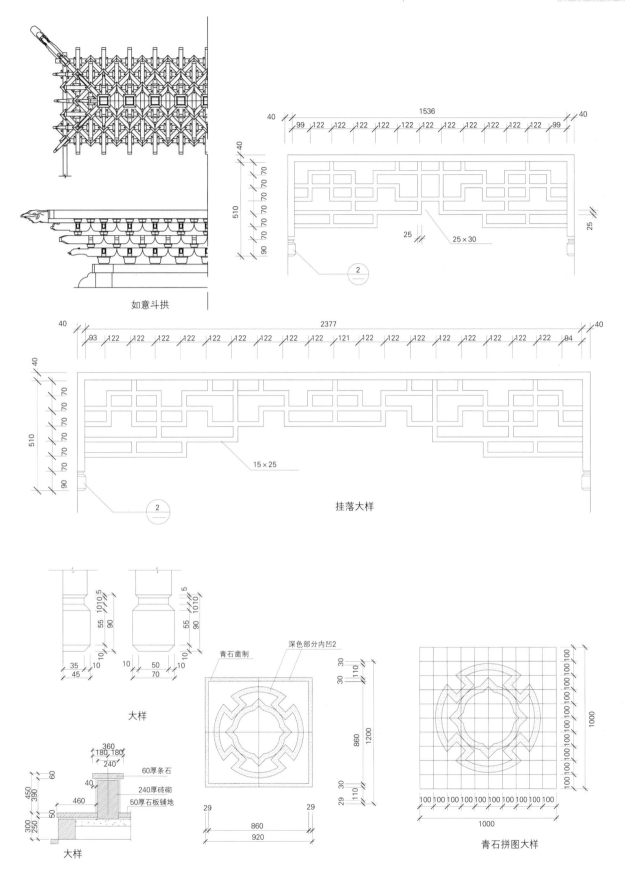

如意斗拱

挂落大样

大样

大样

青石拼图大样

187

# 亭子【3】多边亭

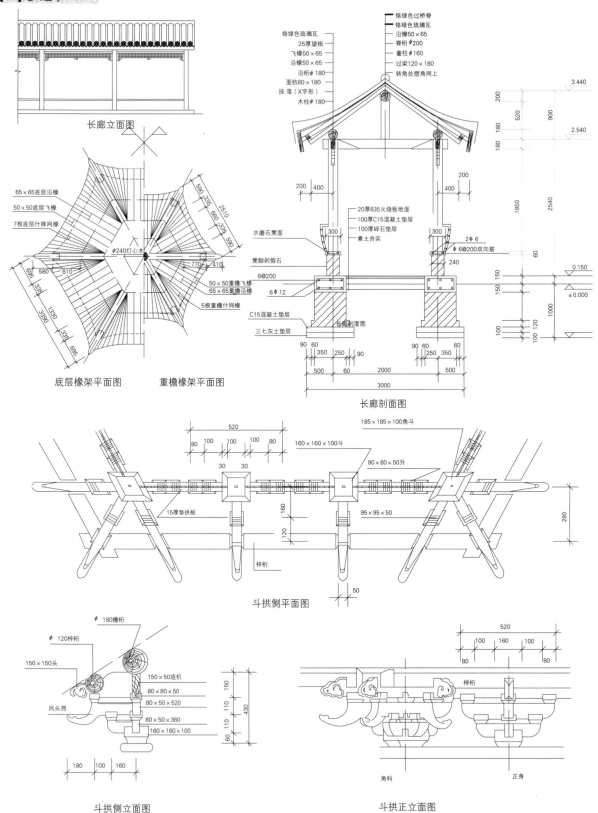

# 多边亭【3】亭子

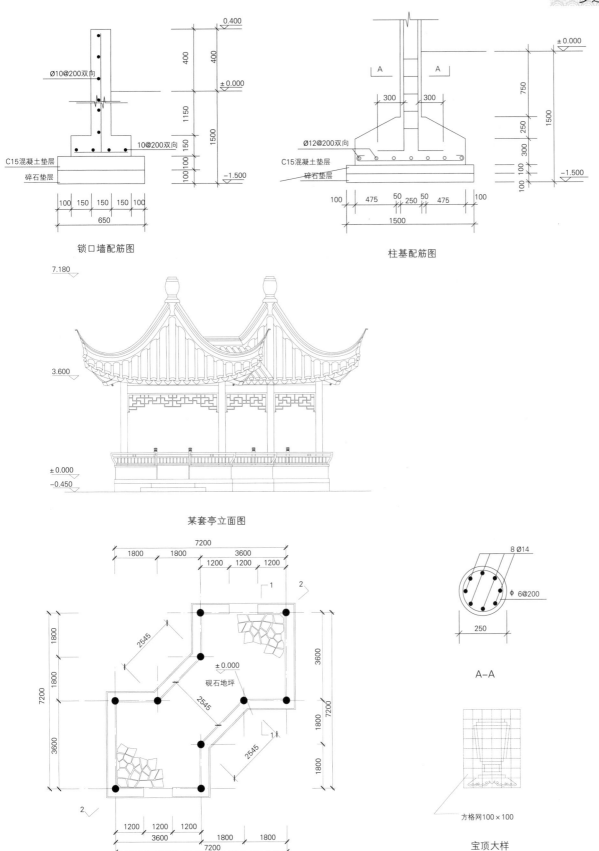

锁口墙配筋图

柱基配筋图

某套亭立面图

A—A

某套亭平面图

宝顶大样

# 亭子【3】多边亭

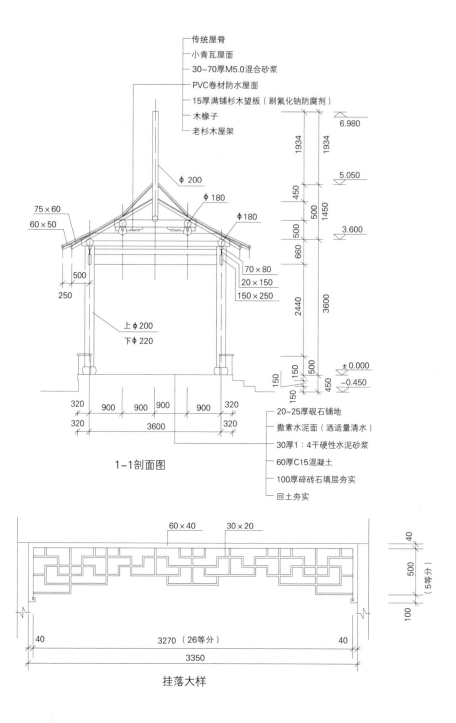

1-1剖面图

挂落大样

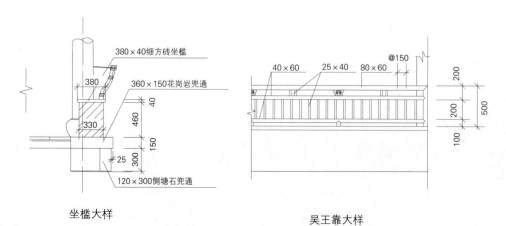

坐槛大样　　　　吴王靠大样

多边亭【3】亭子

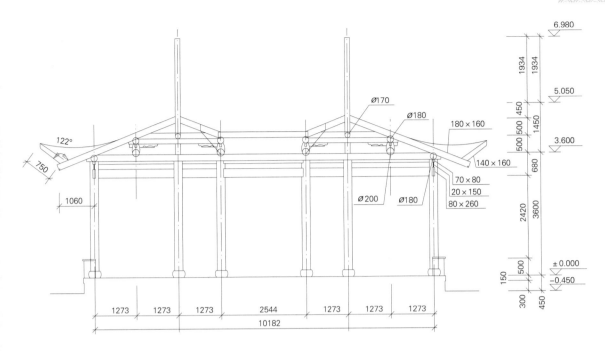

2-2剖面图

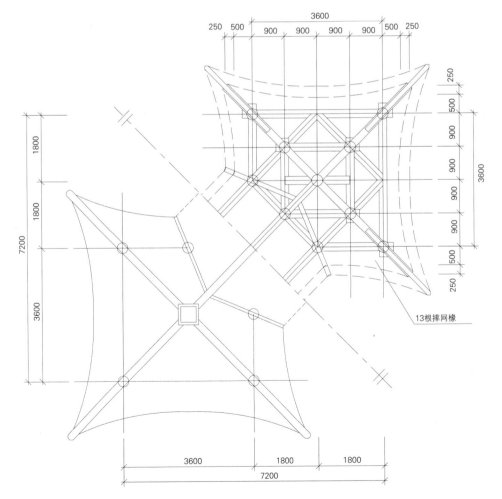

屋面平面图、屋架平面图

# 亭子【3】多边亭

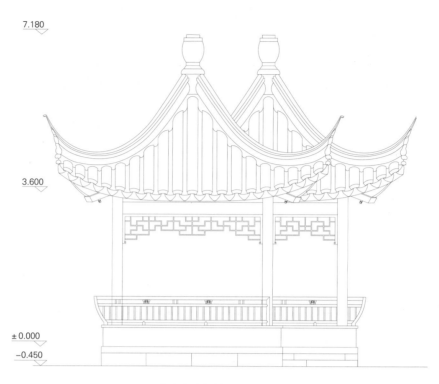

套方亭立面图

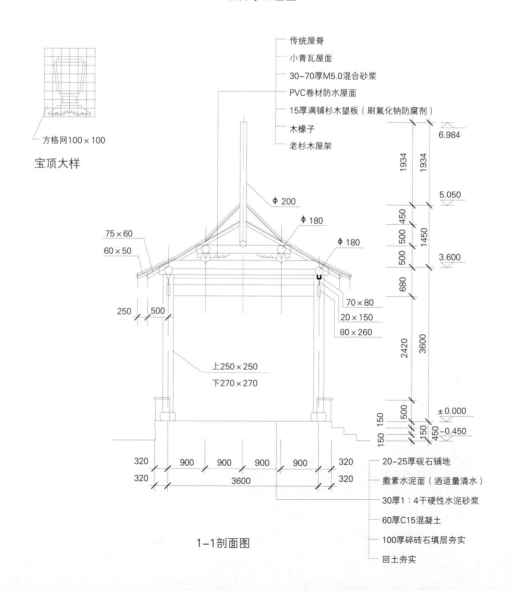

宝顶大样

1-1剖面图

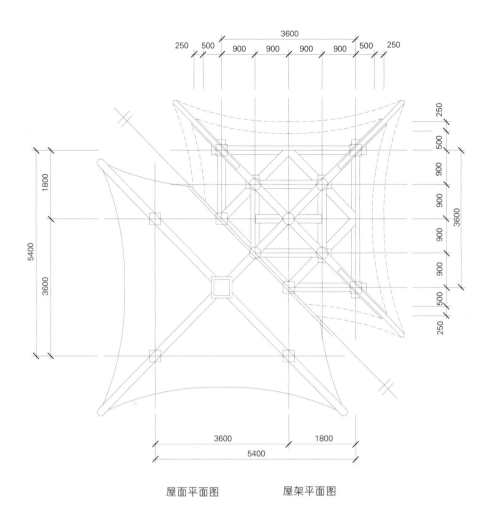

屋面平面图　　屋架平面图

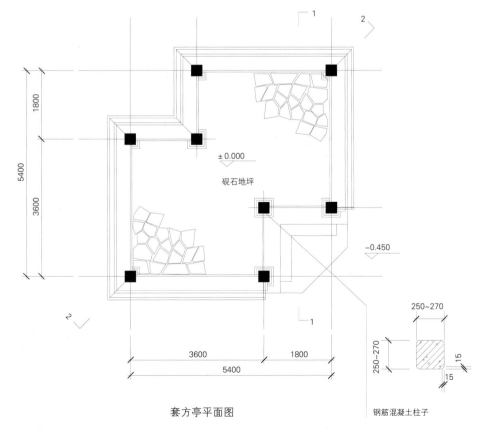

套方亭平面图　　钢筋混凝土柱子

# 亭子【3】多边亭

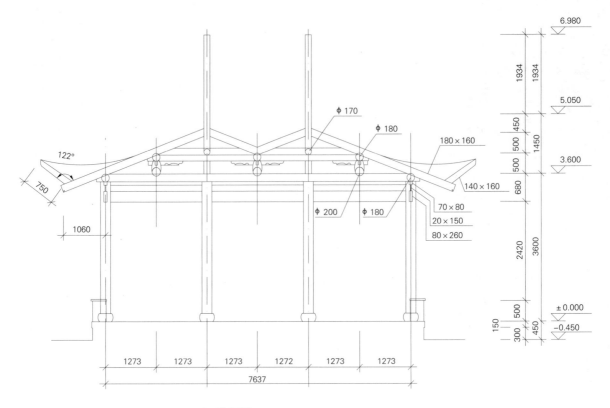

2-2剖面图

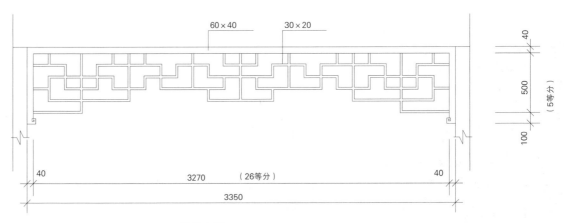

挂落大样

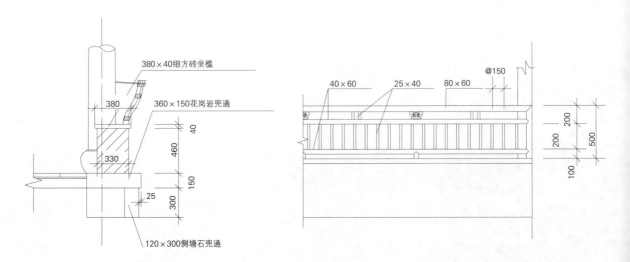

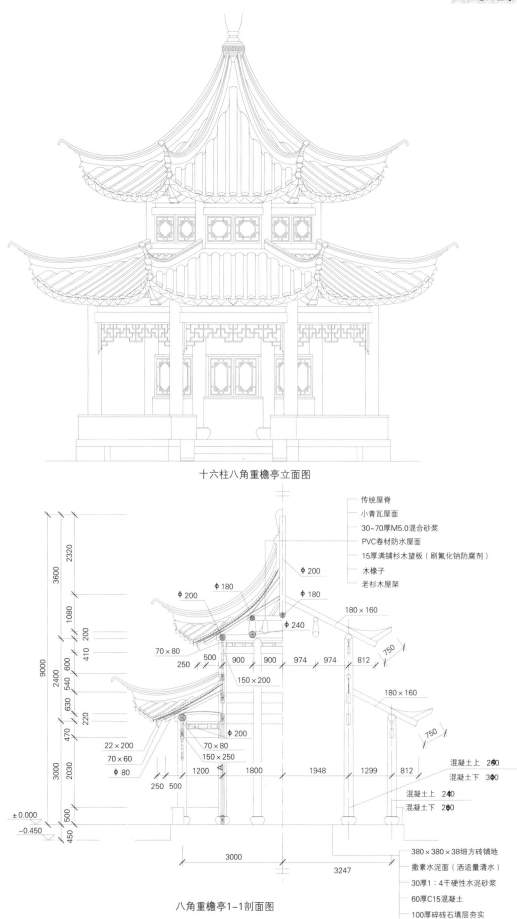

# 亭子【3】多边亭

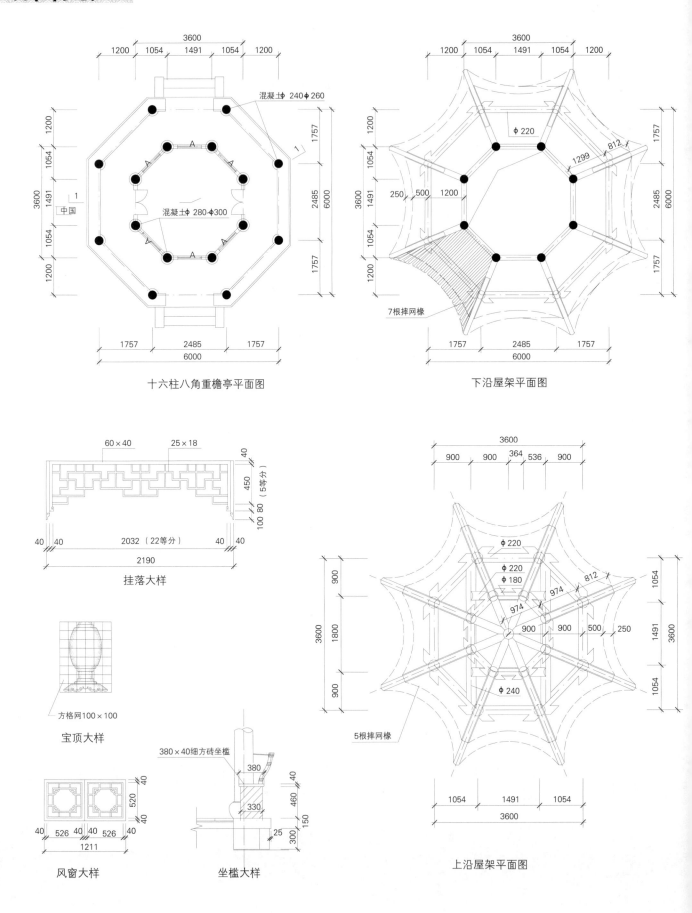

十六柱八角重檐亭平面图

下沿屋架平面图

挂落大样

宝顶大样

风窗大样

坐槛大样

上沿屋架平面图

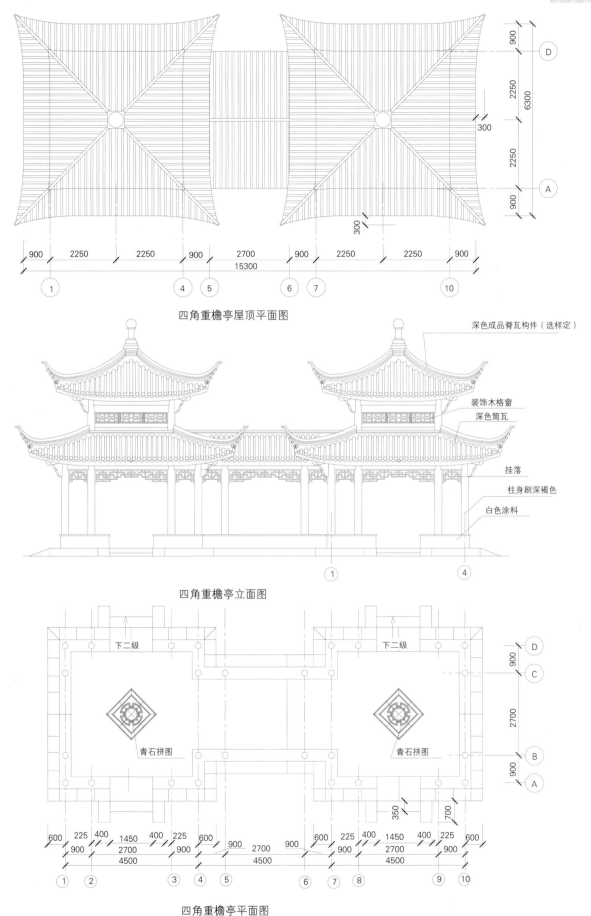

四角重檐亭屋顶平面图

四角重檐亭立面图

四角重檐亭平面图

## 亭子【3】多边亭

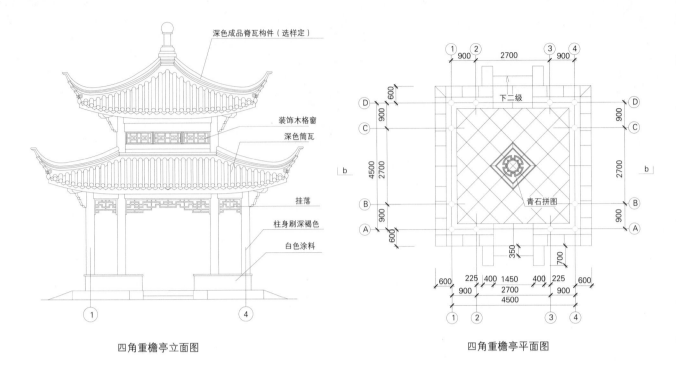

四角重檐亭立面图

四角重檐亭平面图

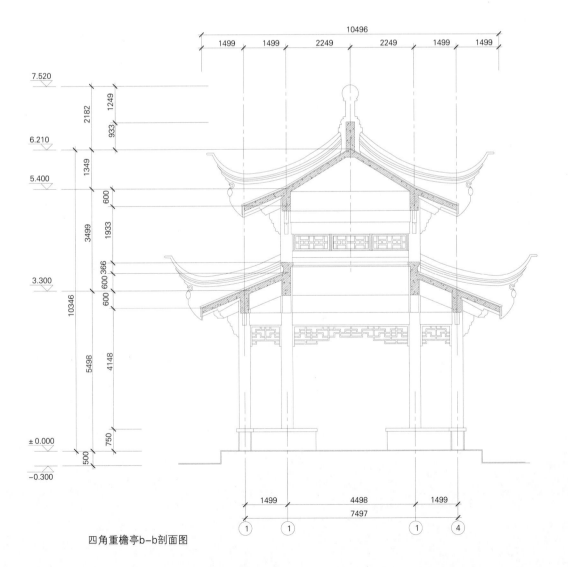

四角重檐亭b-b剖面图

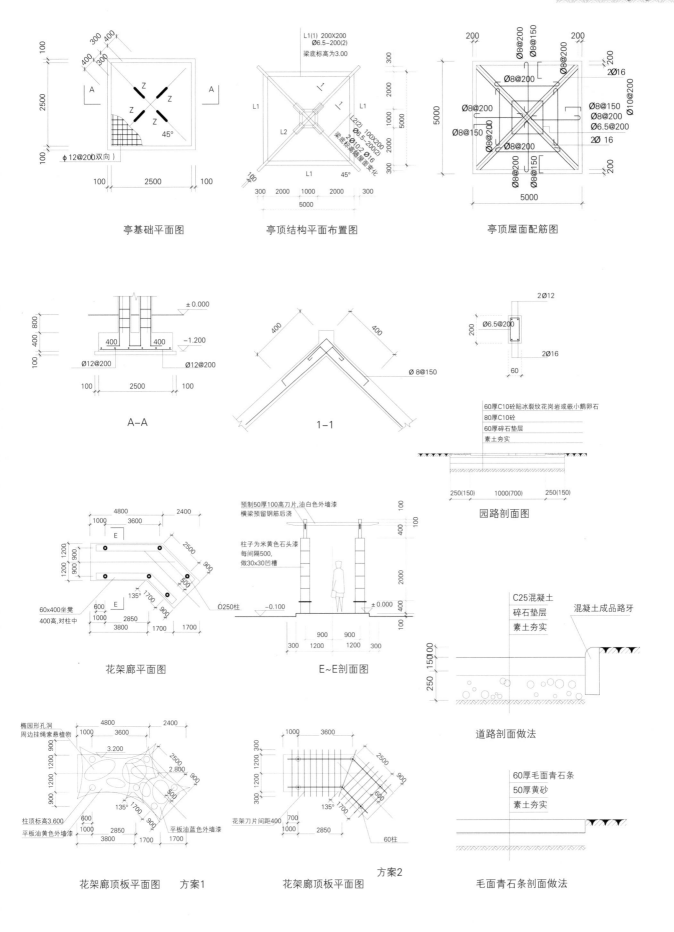

## 亭子【3】多边亭

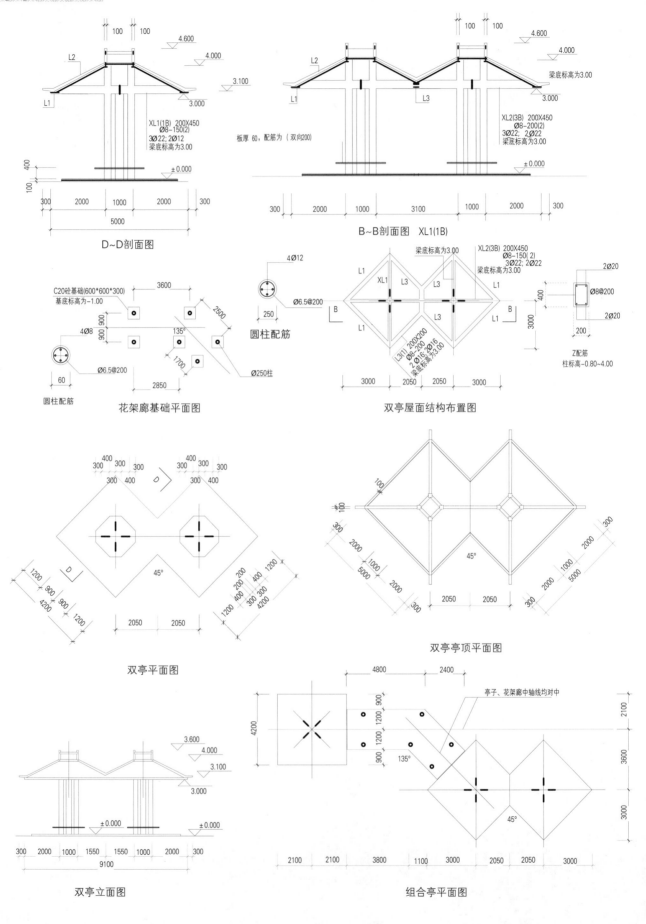

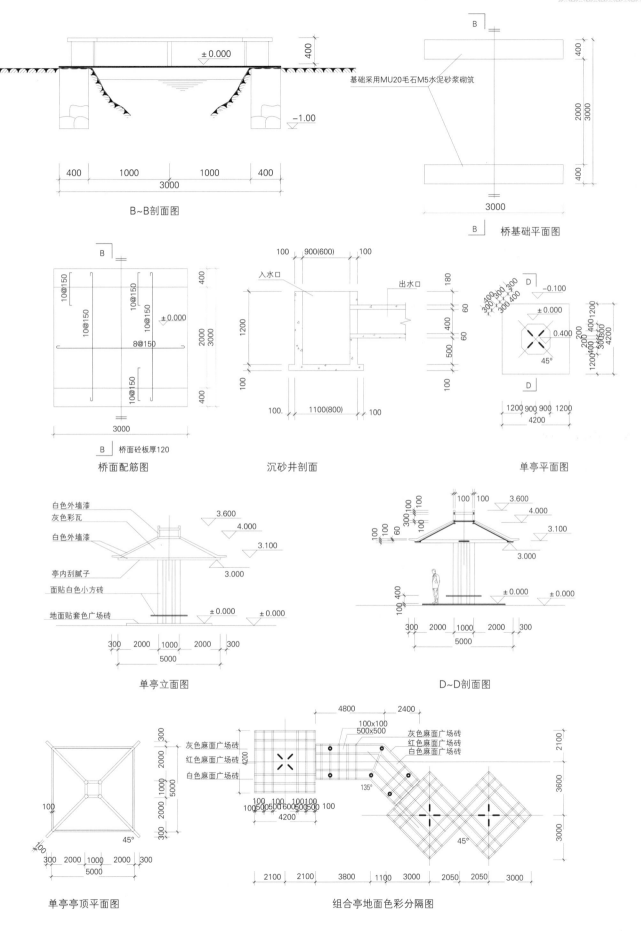

# 亭子【3】多边亭

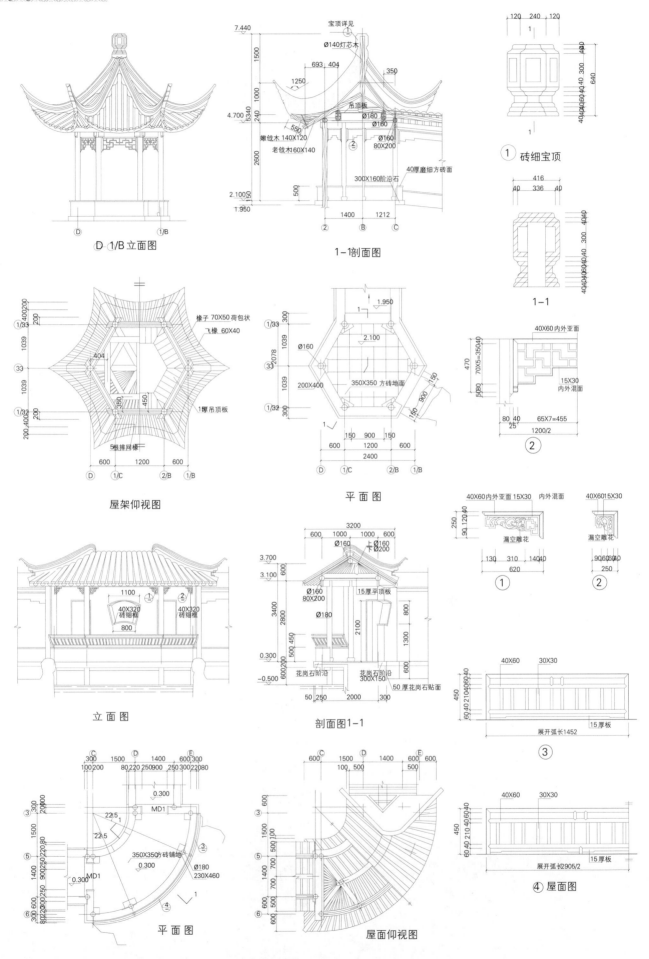

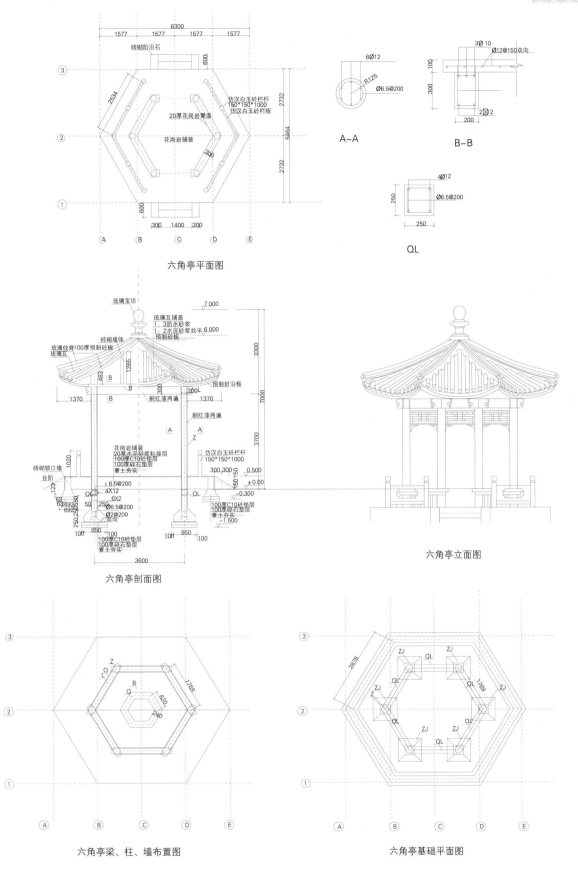

六角亭平面图

A-A

B-B

QL

六角亭剖面图

六角亭立面图

六角亭梁、柱、墙布置图

六角亭基础平面图

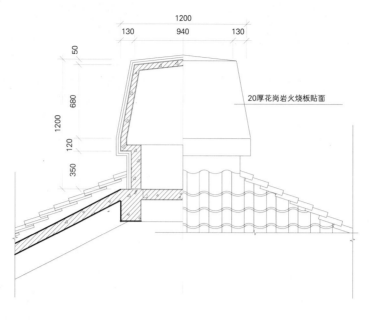

剖面图　　　　　　立面图

⑦ 宝顶大样

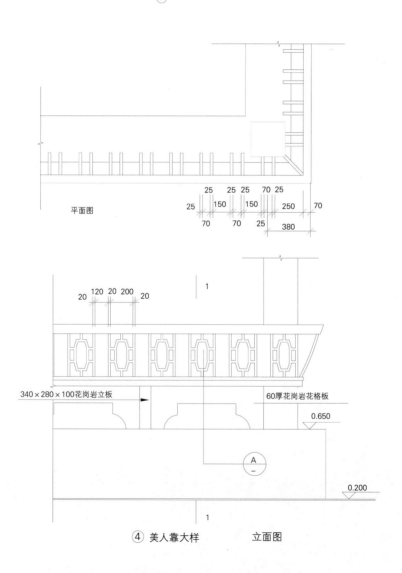

④ 美人靠大样　　　立面图

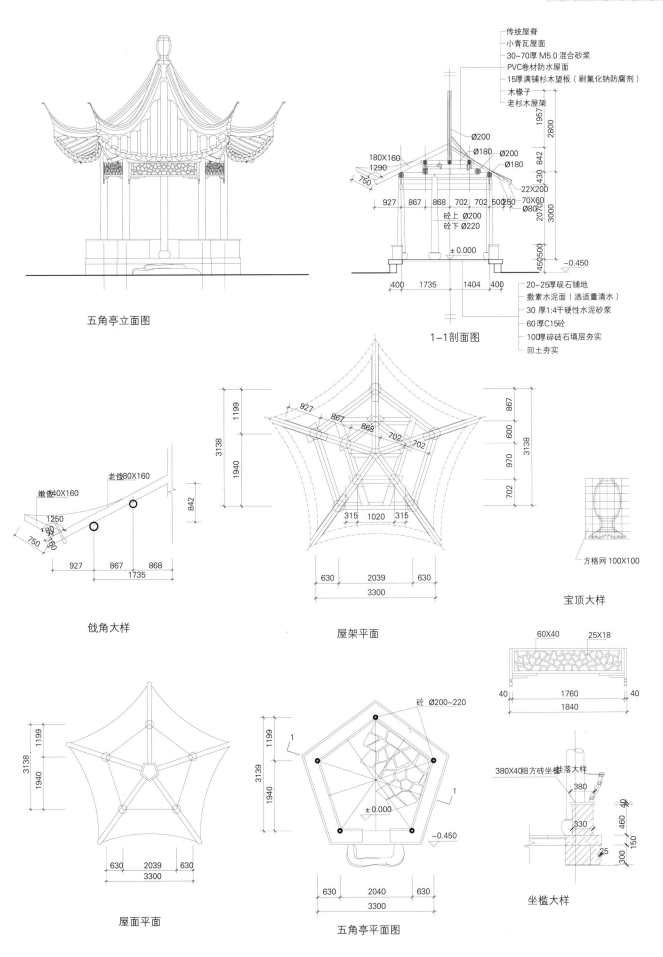

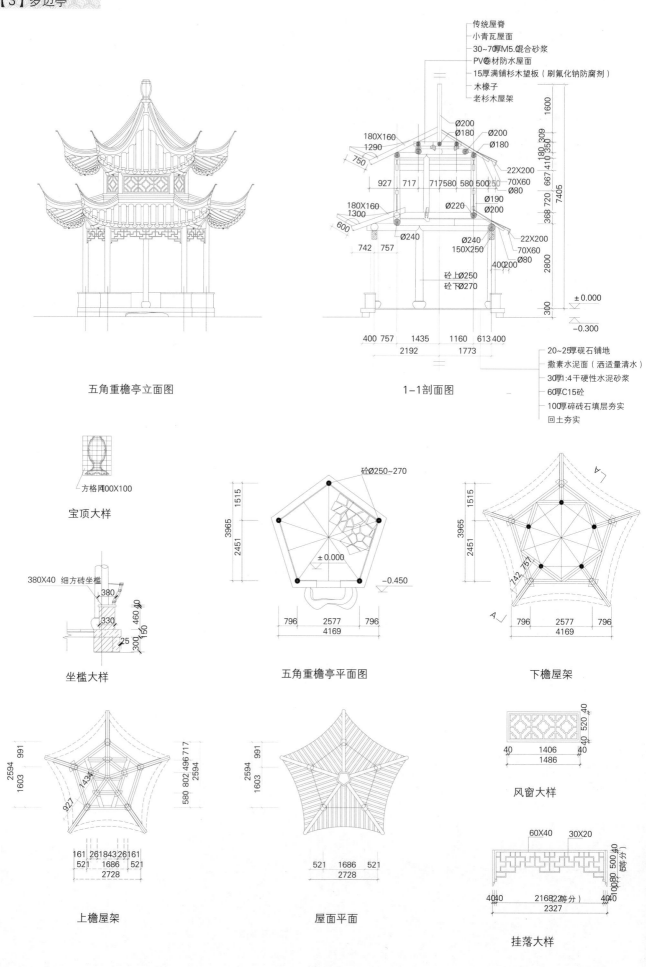

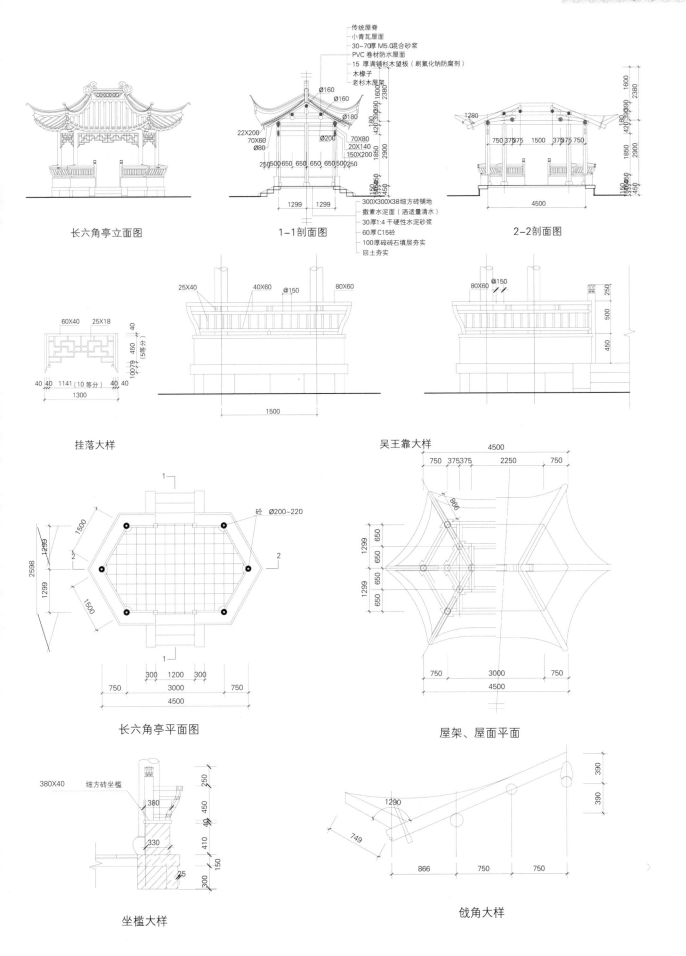

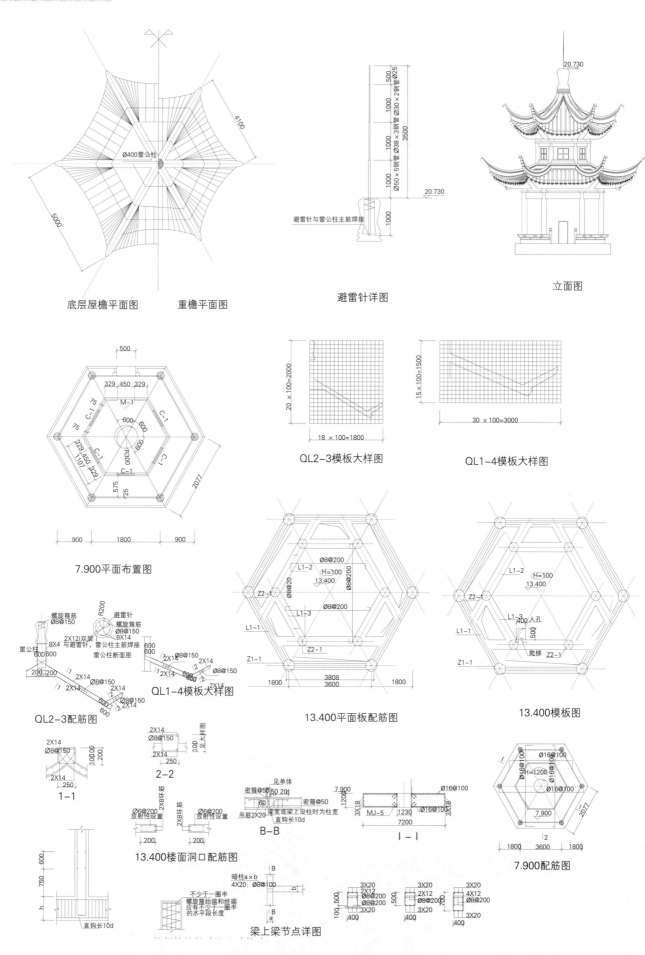

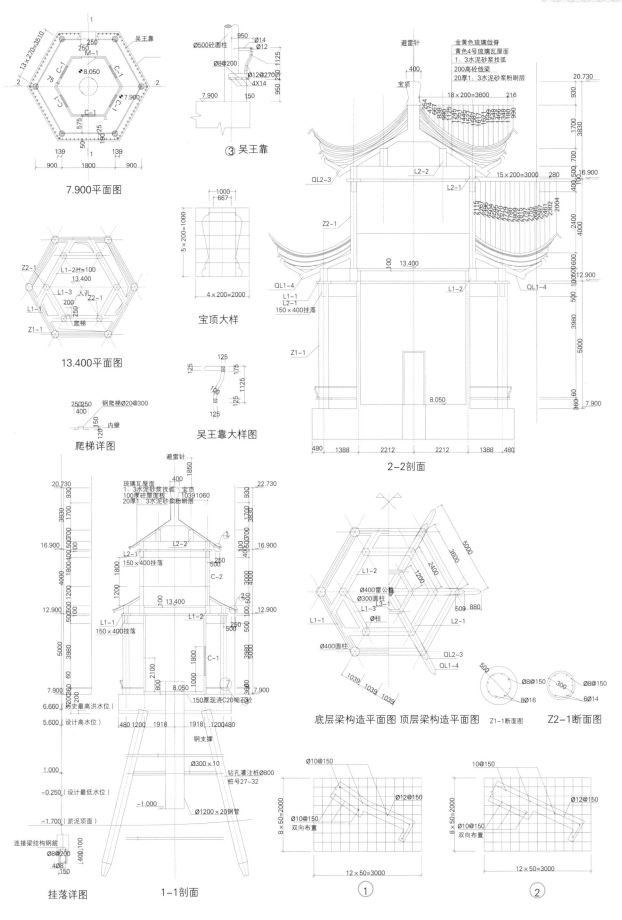

# 亭子【3】多边亭

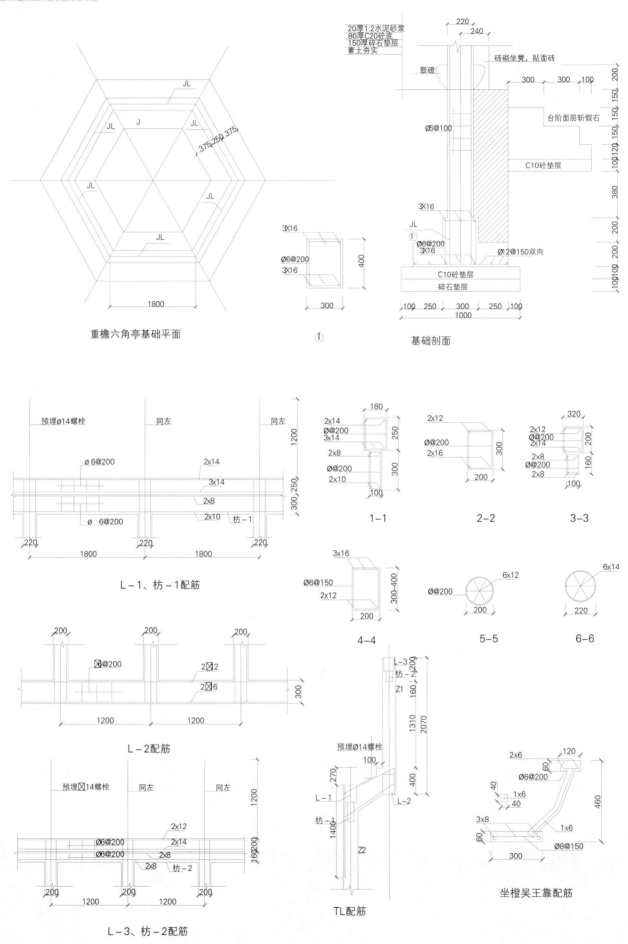

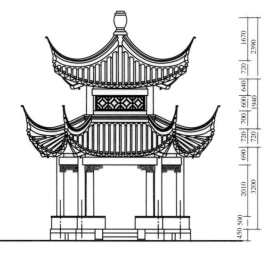

八角四方重檐亭立面图

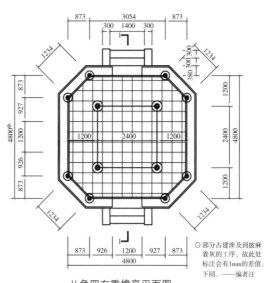

八角四方重檐亭平面图

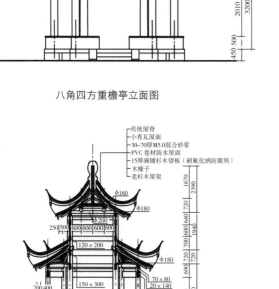

1-1剖面图

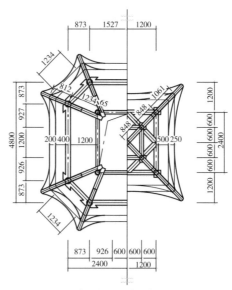

下檐屋架、上檐屋架平面图

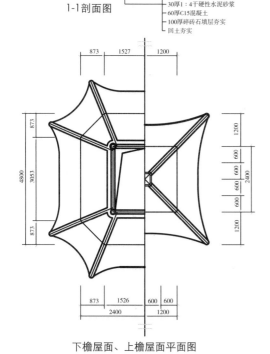

下檐屋面、上檐屋面平面图

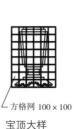

宝顶大样

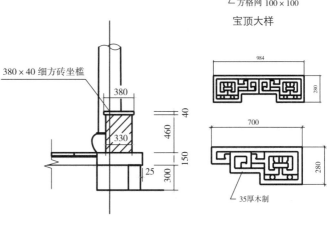

坐槛大样

雀替大样

# 亭子【3】多边亭

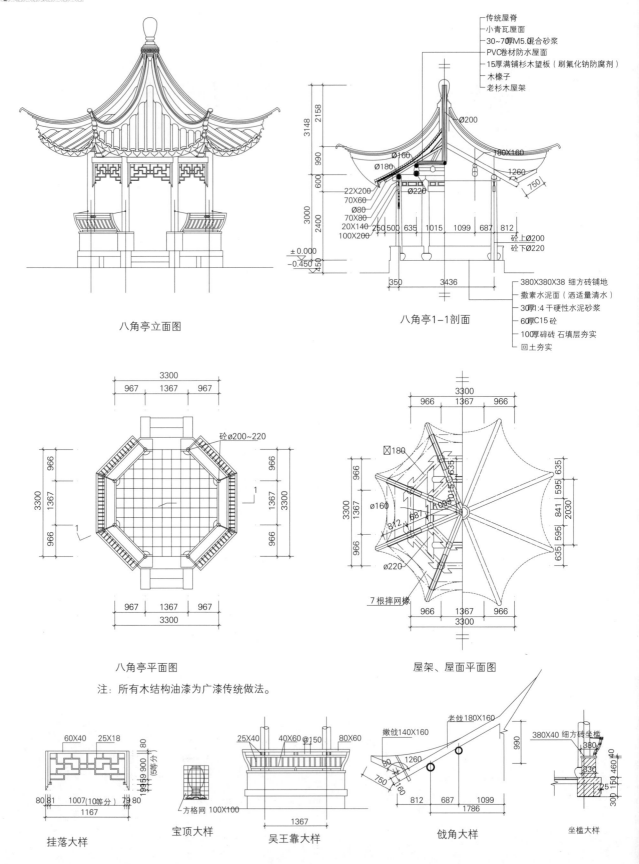

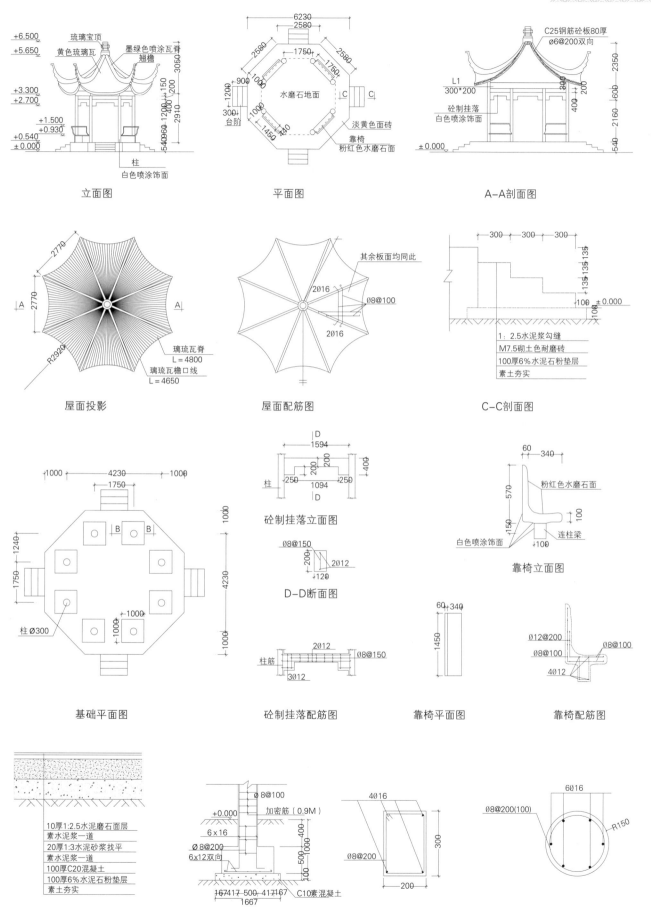

# 亭子【3】多边亭

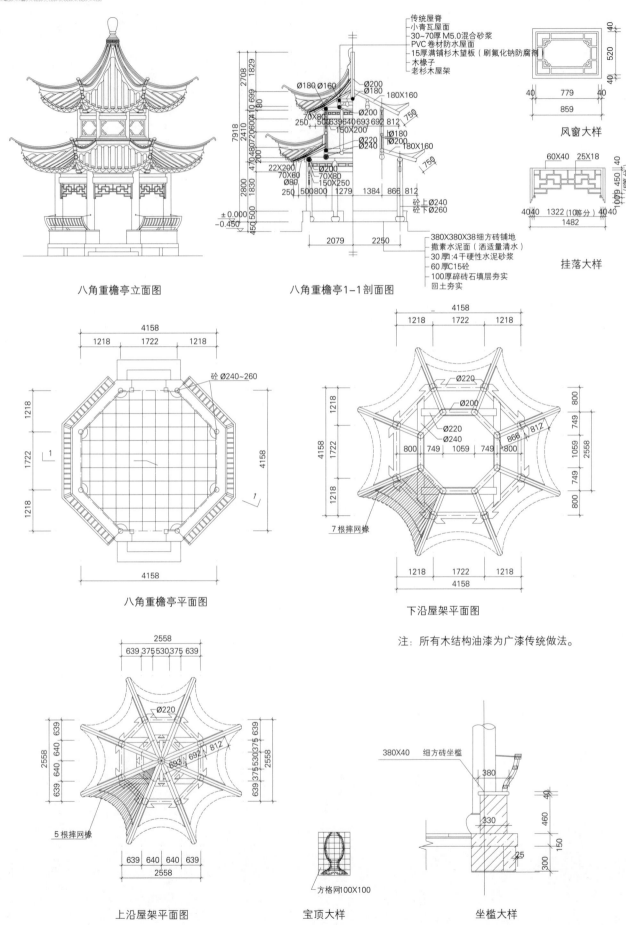

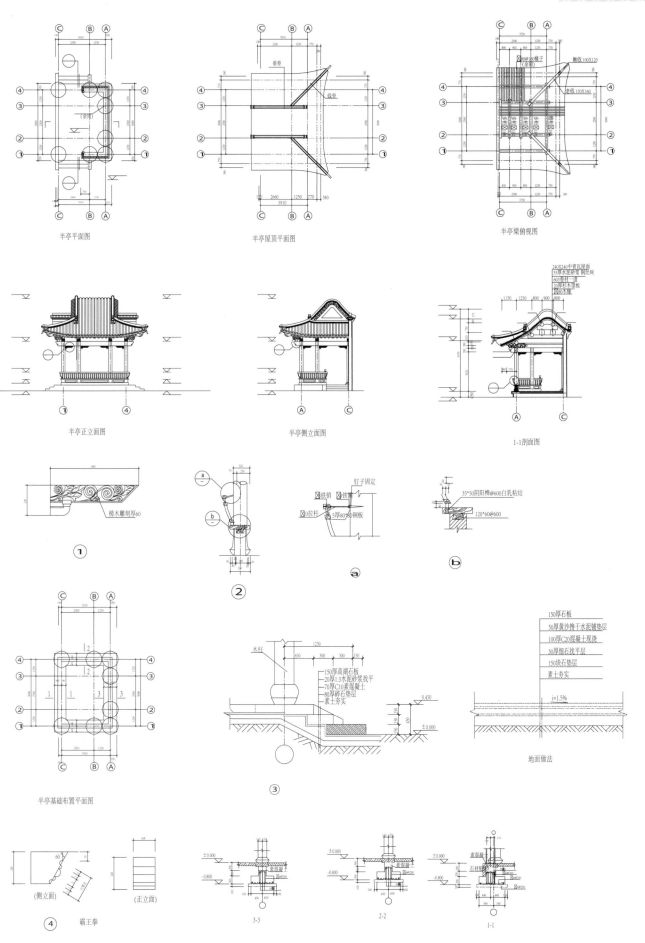

## 亭子【3】多边亭

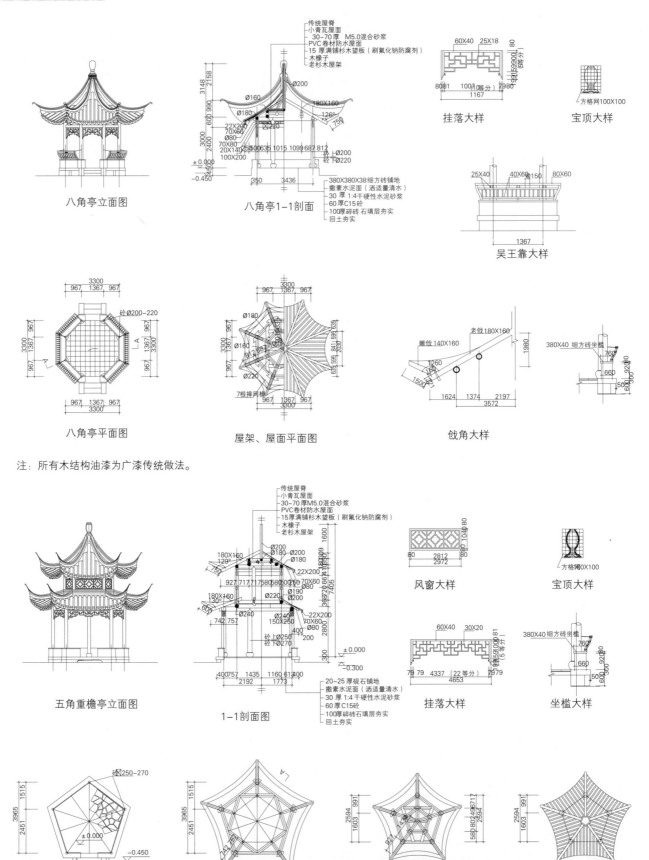

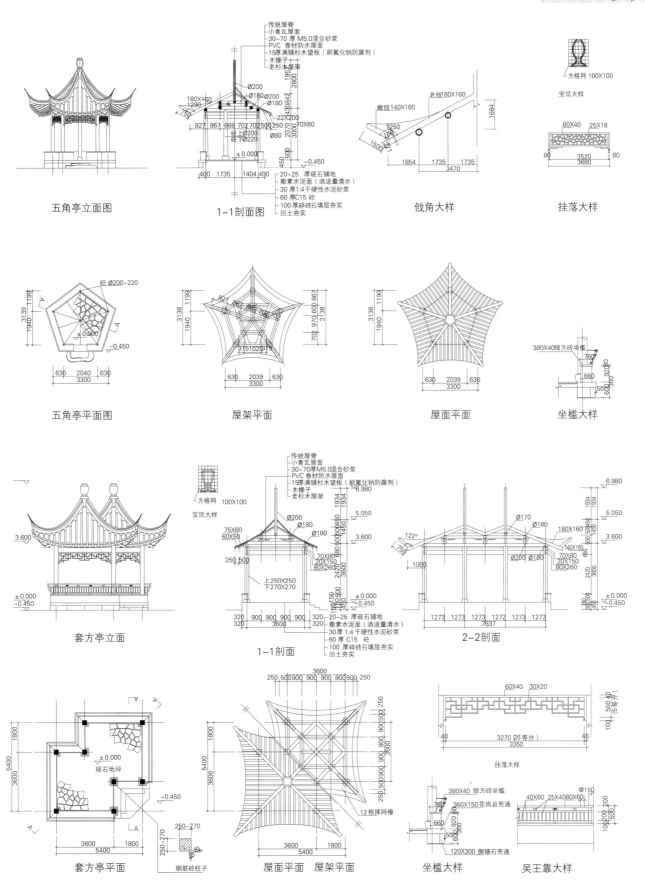

## 亭子【3】多边亭

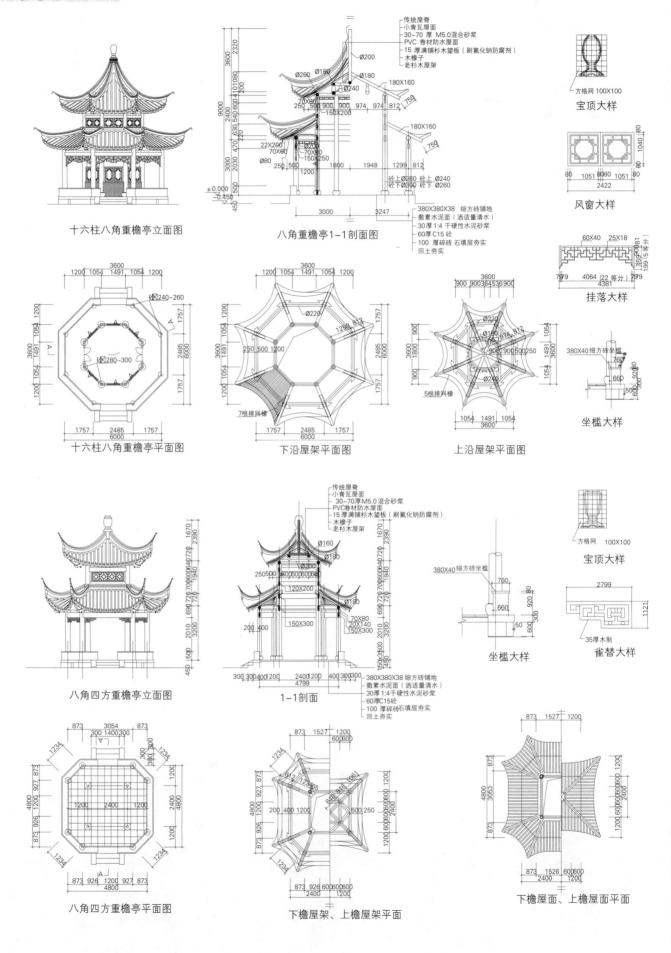

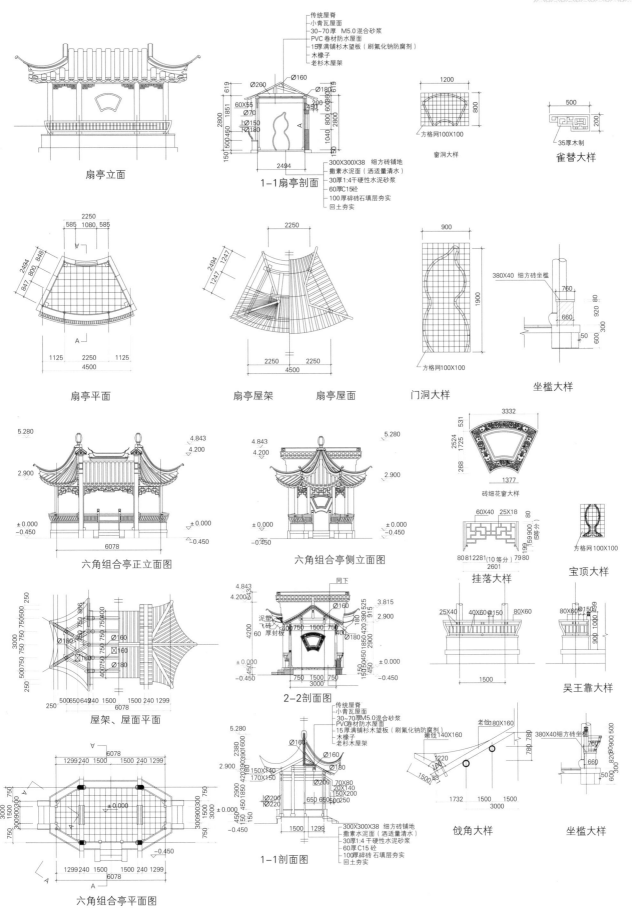

# 亭子【3】多边亭

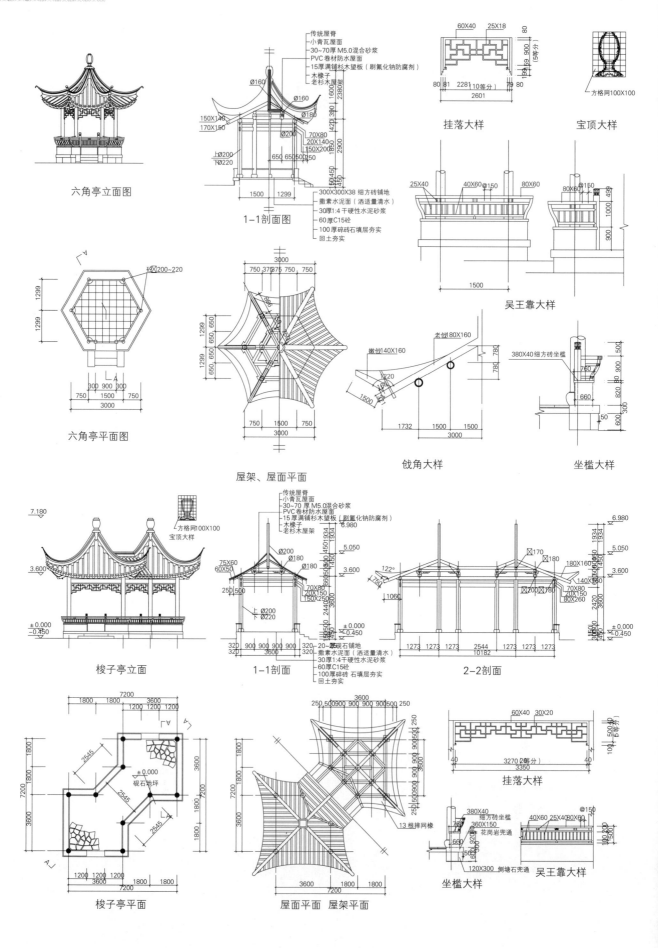

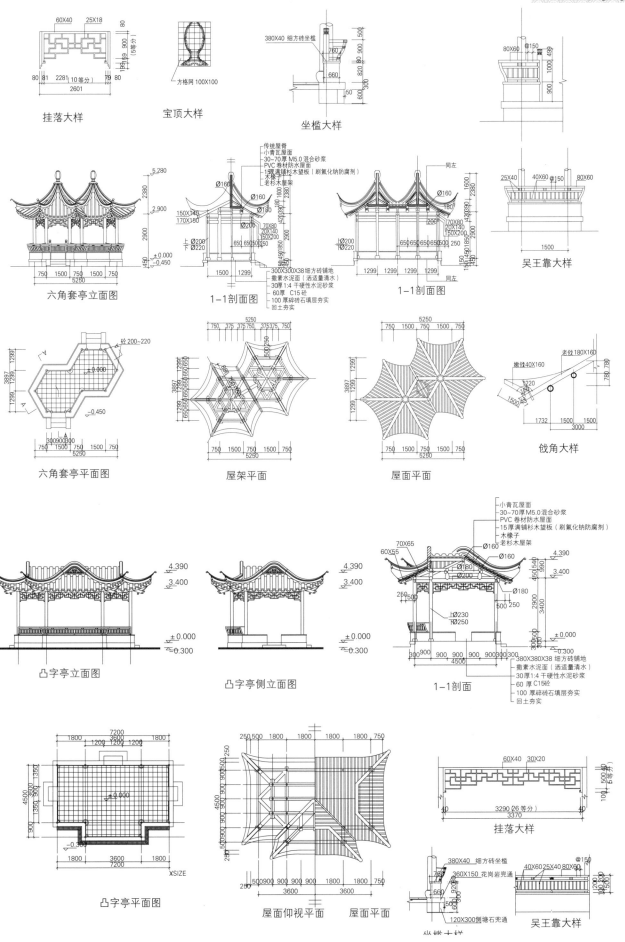

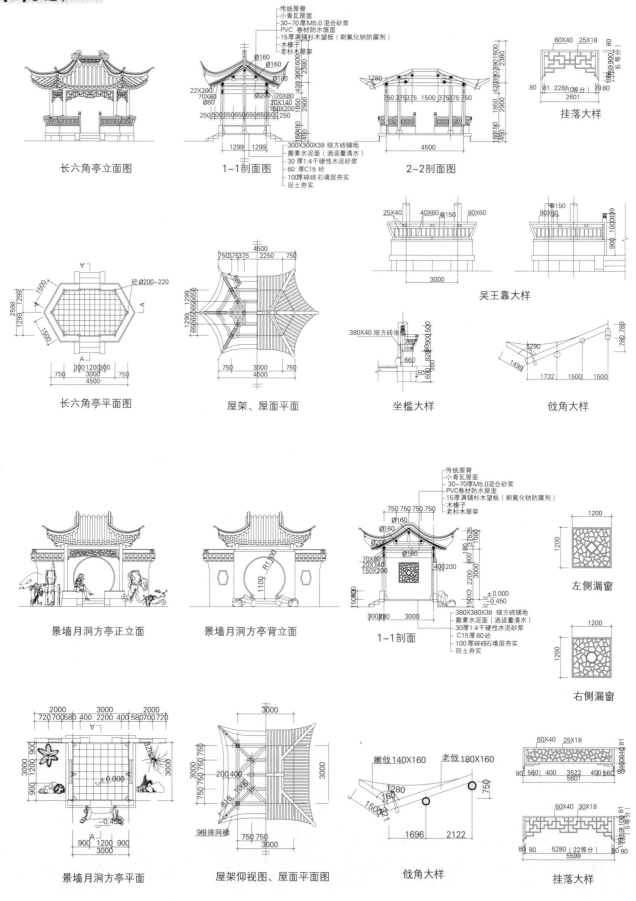

多边亭【3】亭子

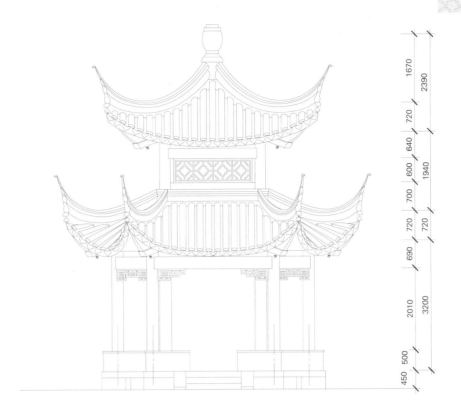

八角四方重檐亭立面图

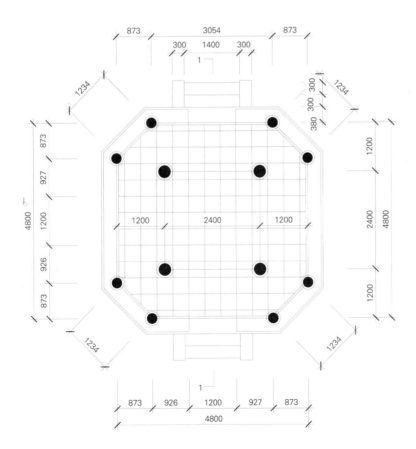

八角四方重檐亭平面图

## 亭子【3】多边亭

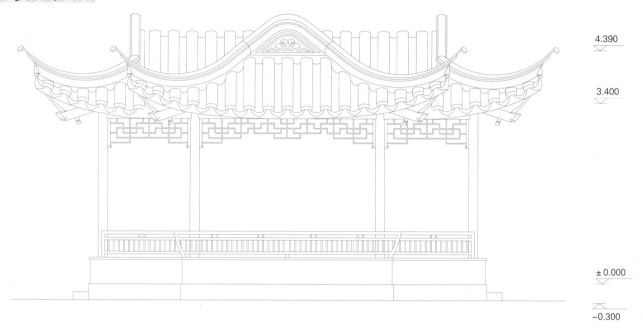

凸字亭立面图

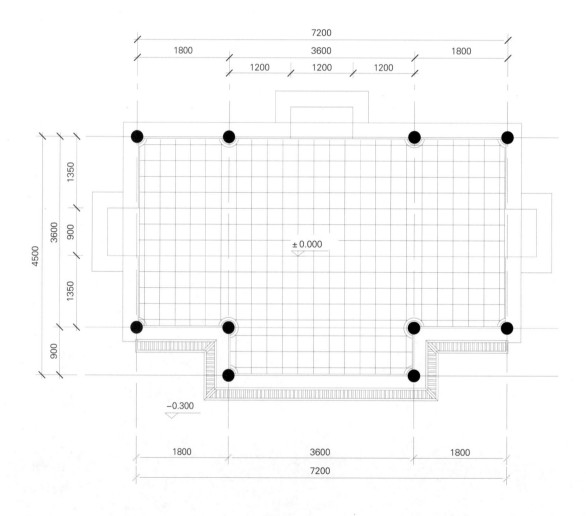

凸字亭平面图

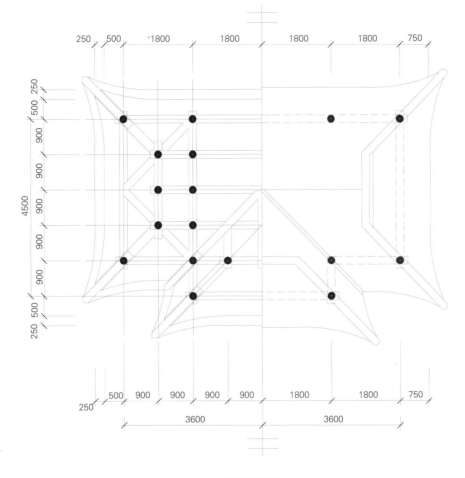

屋面平面图

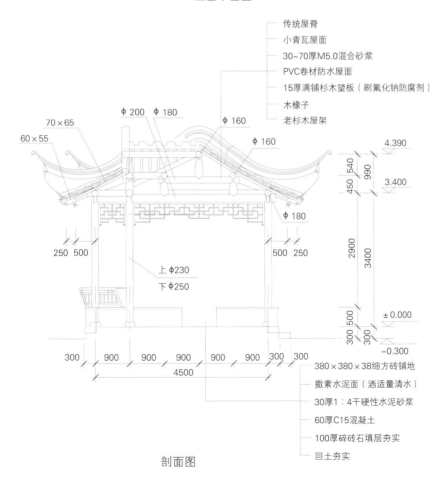

剖面图

# 亭子【3】多边亭

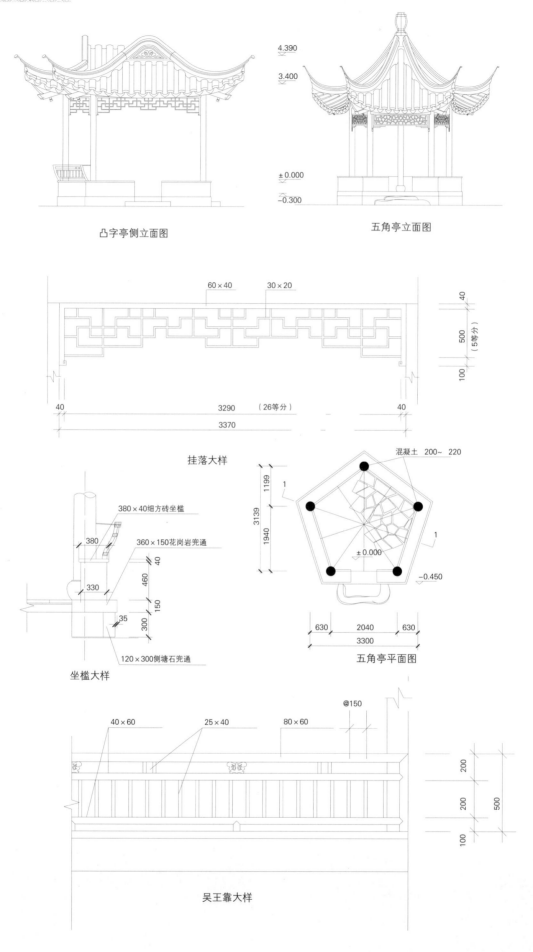

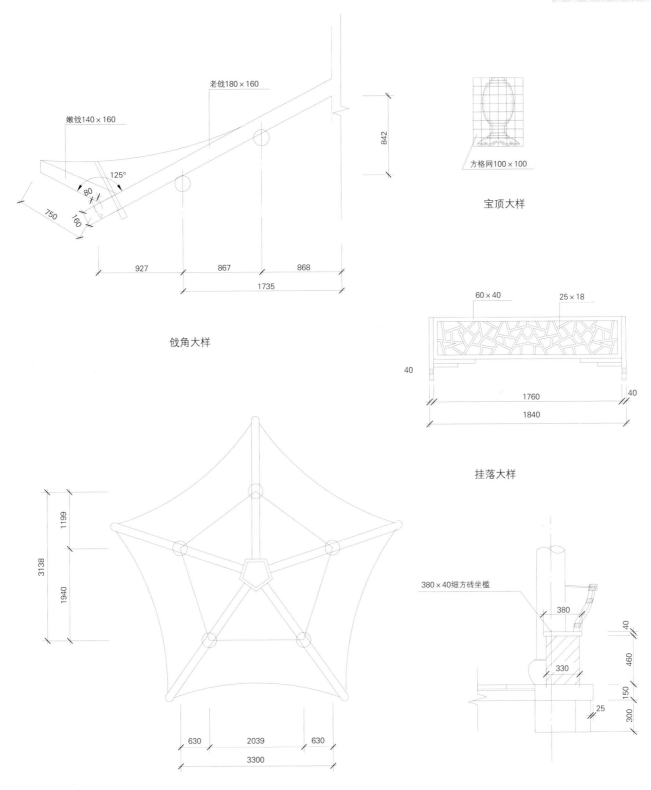

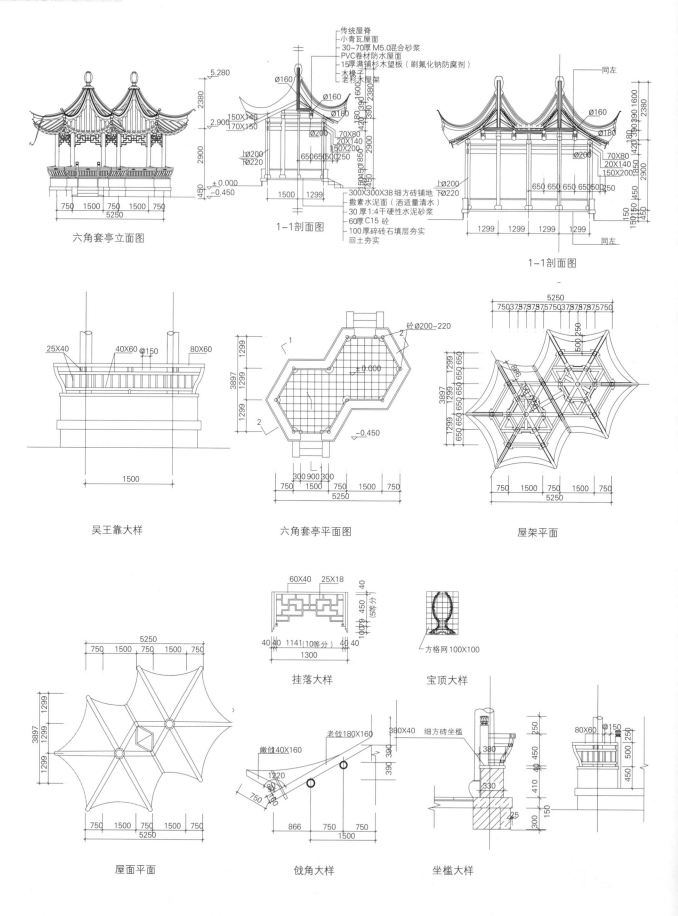

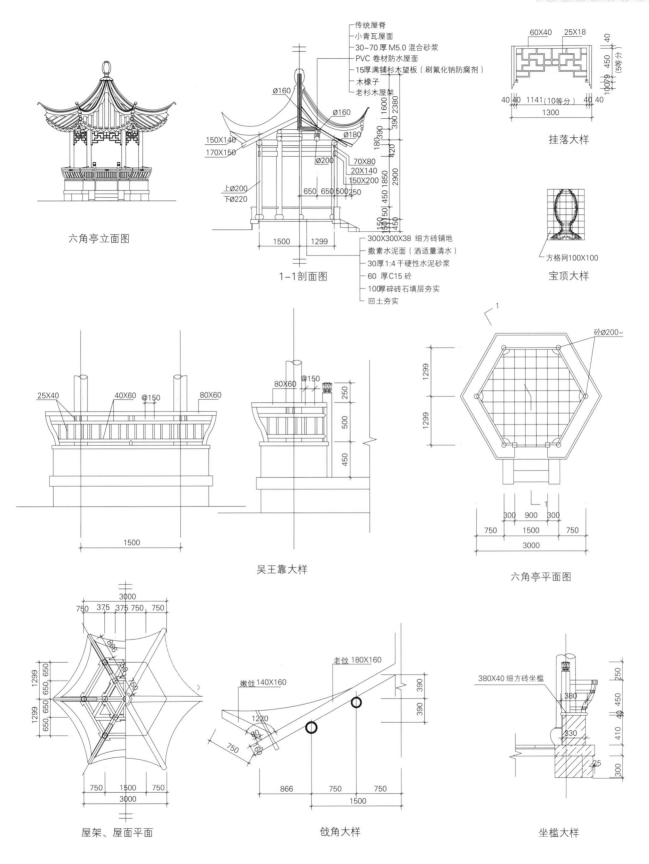

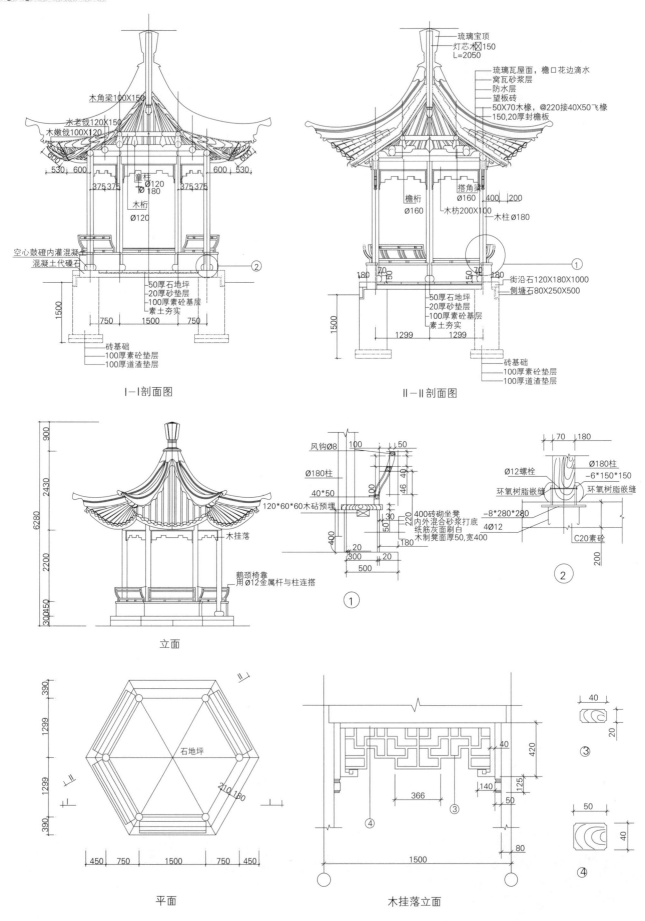

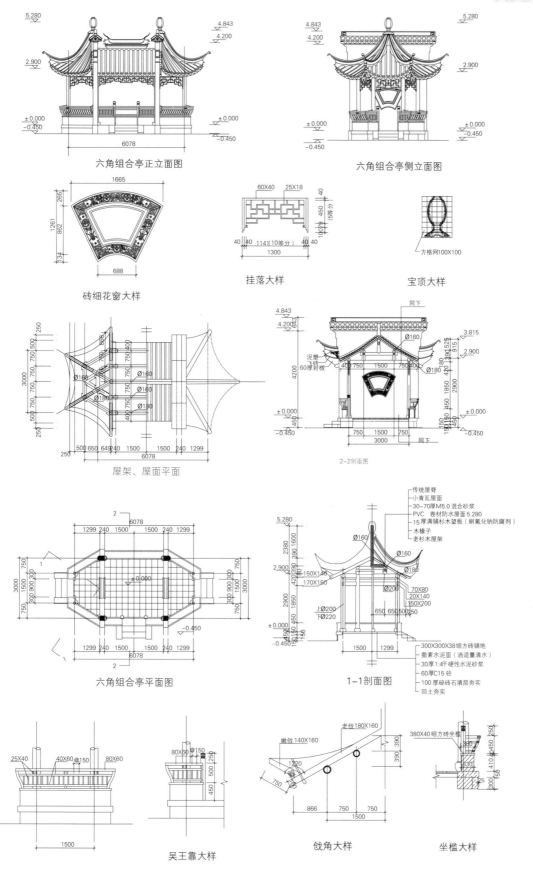

# 亭子【3】多边亭

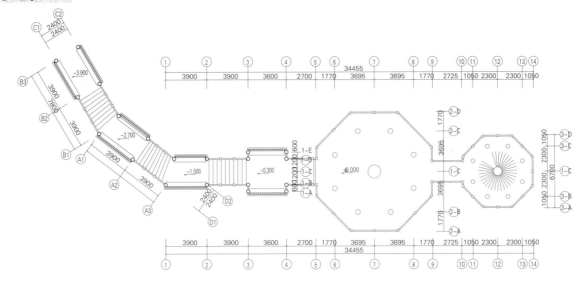

说明

一、游廊和双亭需随龙吟寺大佛殿后山山脊修建，施工中其游廊平面弯曲的角度和游廊和双亭基础桩的地面高差如与图不符，要根据实地放样进行合理调整、完善。

二、长廊梯步用青石板安装，长廊及双亭地面用300×300×30的表石板安装。　　三、长廊柱下方装饰柱墩，墩面雕刻浅浮雕图案。图案内容佛教文化，龙文化，传统吉祥图案。

四、彩绘按清式建筑彩绘风格，题材以佛教文化、竹文化和民族传统彩绘文化为主，色彩要求明快，素雅。　　五、鳌脊攒尖顶按清式江南建筑风格制作，与大雄宝殿风格一至。

六、大亭一层，三层中心为装饰柱。装饰竹海九龙山龙吟寺，龙宫的"定海神针"（见定海神针图）

七、双亭栏板，栏杆施5-10深的传统浮雕图案。大亭二层水池外表皮塑30-100高的佛教文化图案。

八、花眉、窗户均用木作结构。　　九、建筑色彩。立柱施珠红色、飞檐、风山、山面、墙体、
　　栏杆无彩绘处的地方用棕红色。房顶施无光青色筒瓦，顶、脊鳌色彩按清式江南风格施彩。

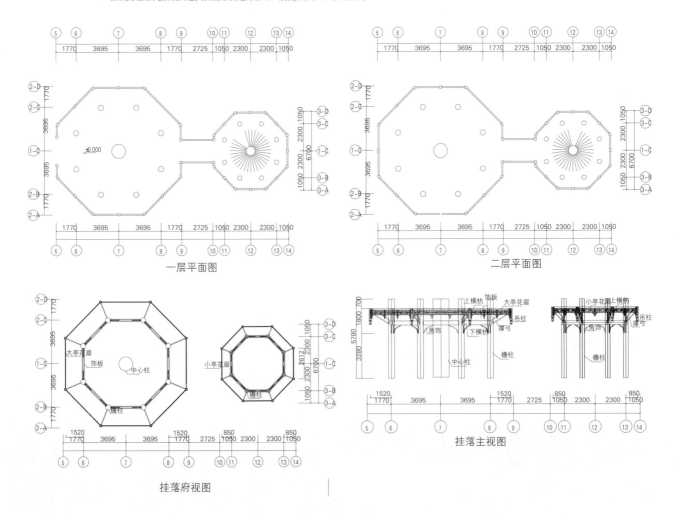

一层平面图　　　　　　　　　　　　　二层平面图

挂落府视图　　　　　　　　　　　　　挂落主视图

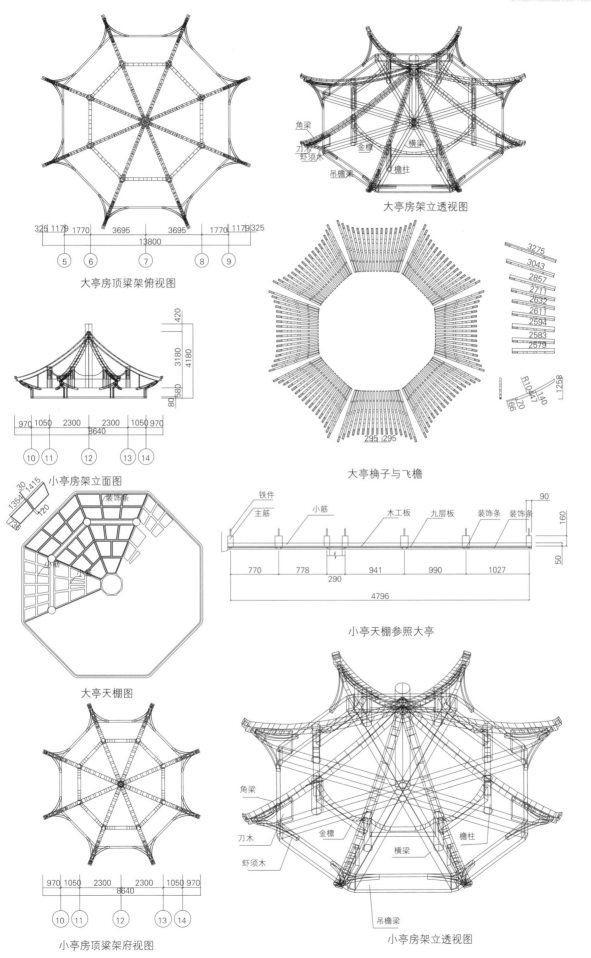

# 亭子【3】多边亭

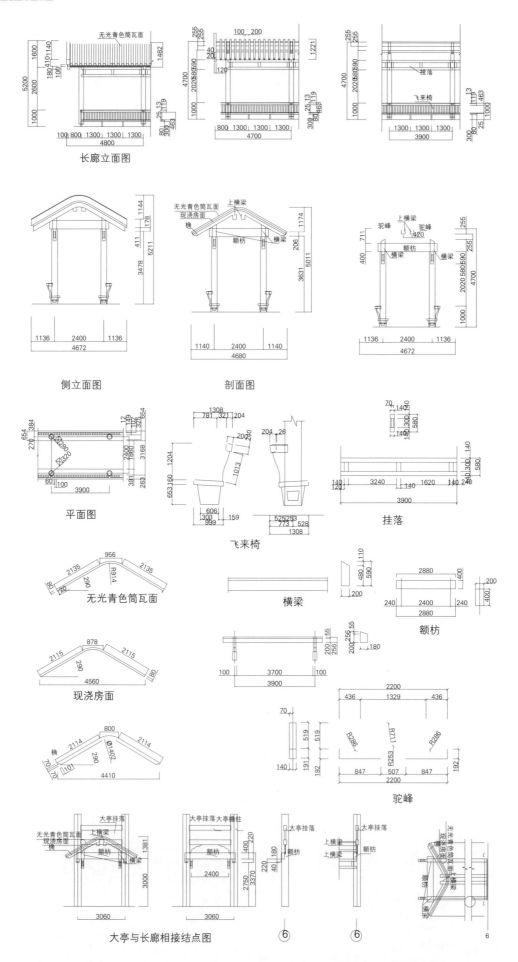

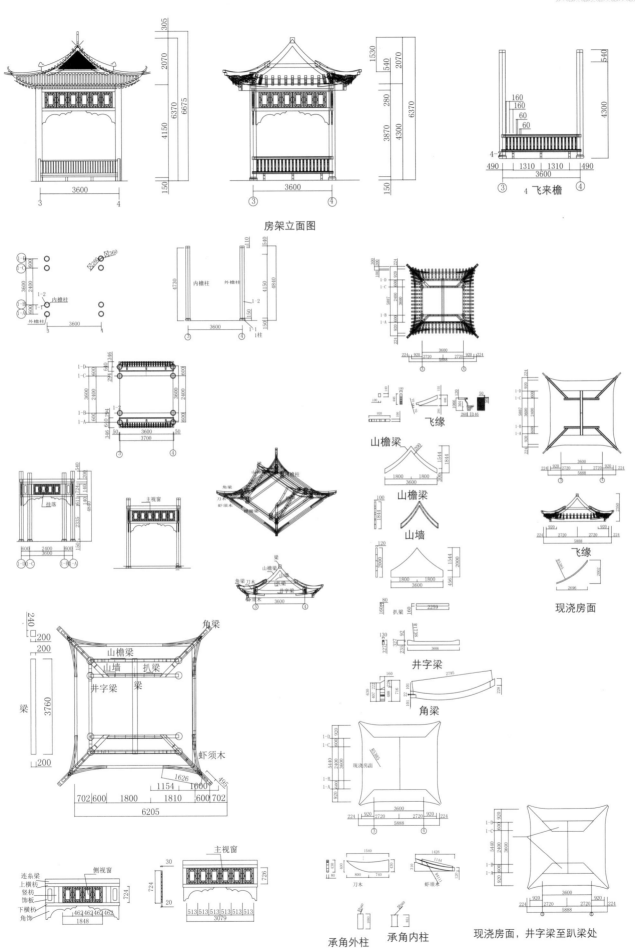

## 亭子【3】多边亭

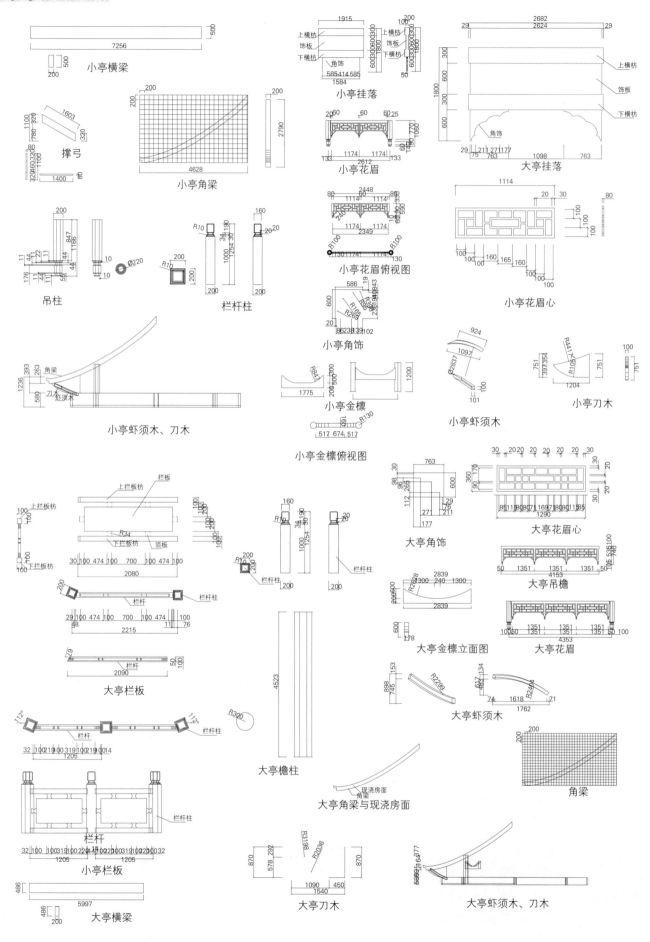

# 多边亭【3】亭子

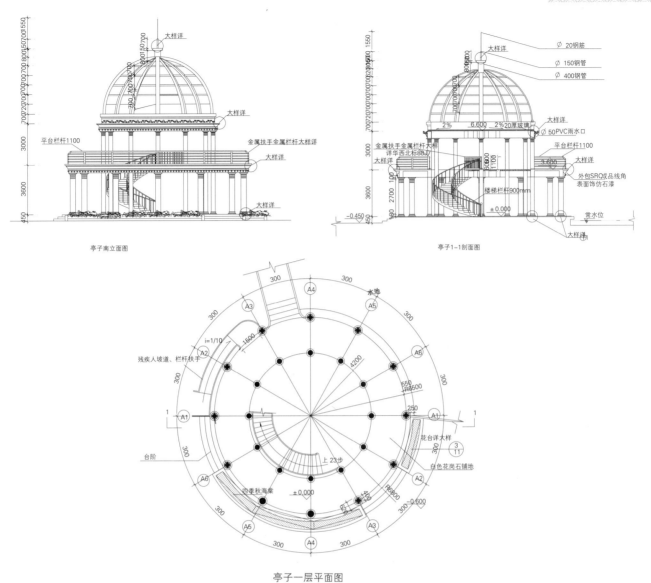

亭子南立面图

亭子1—1剖面图

亭子一层平面图

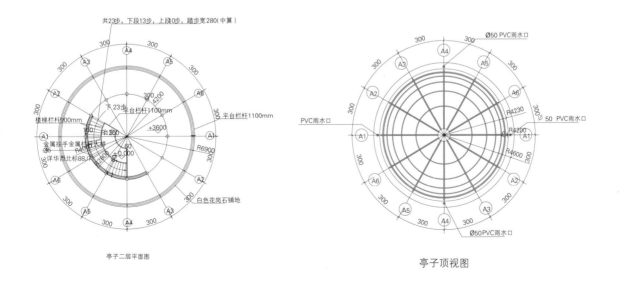

亭子二层平面图

亭子顶视图

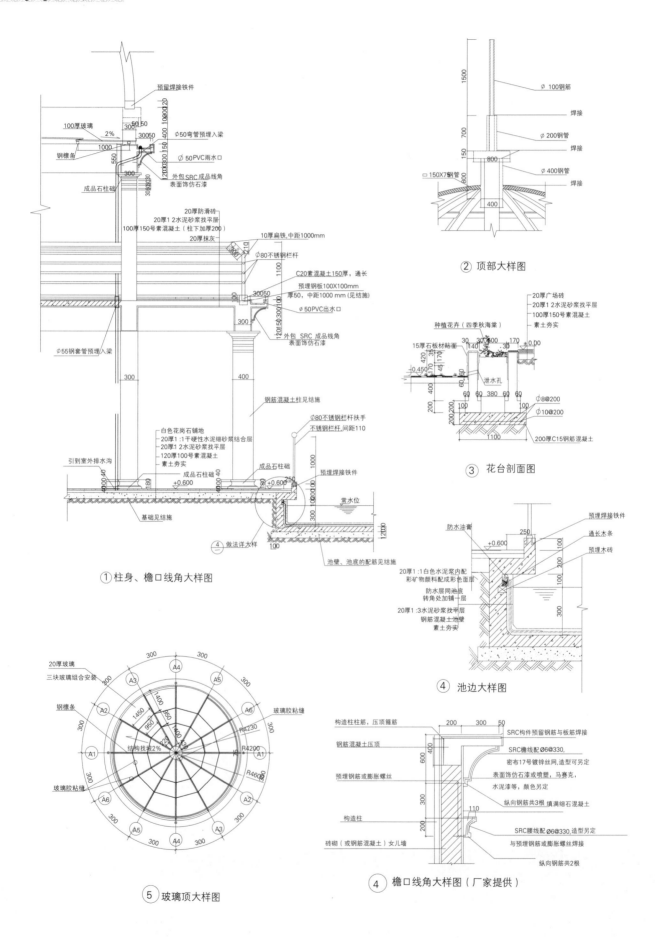

# 多边亭【3】亭子

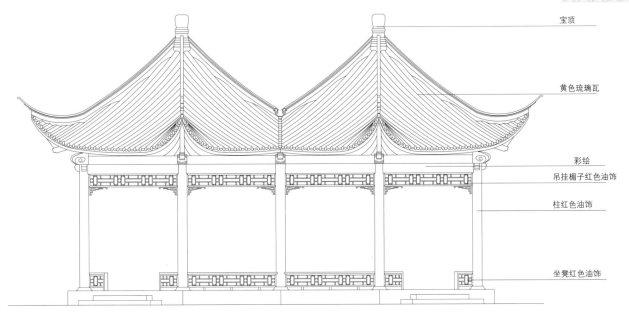

立面图

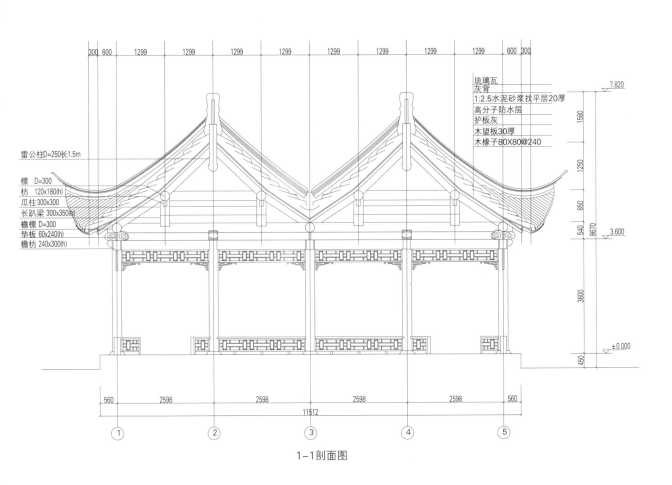

1-1剖面图

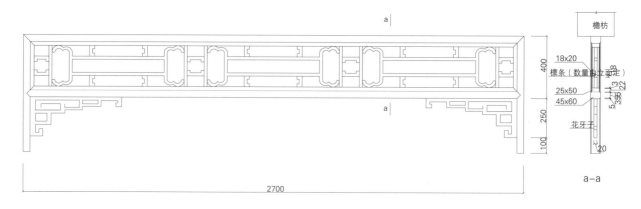

吊挂楣子大样图

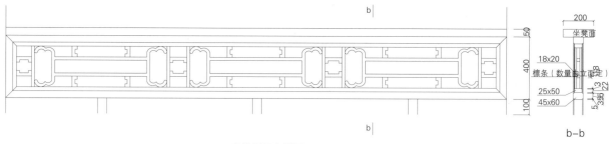

坐凳楣子大样图

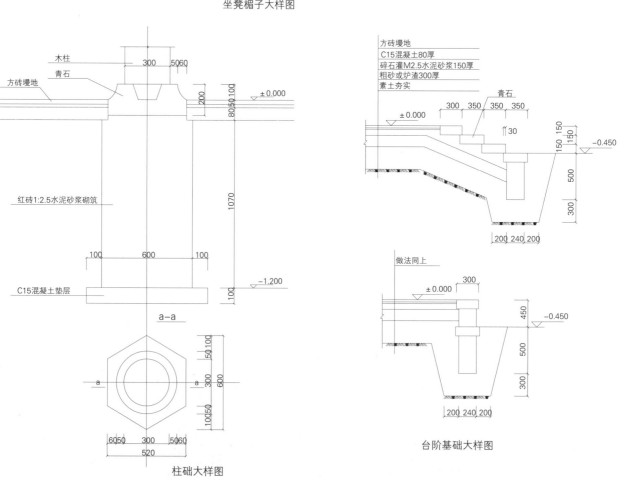

柱础大样图

台阶基础大样图

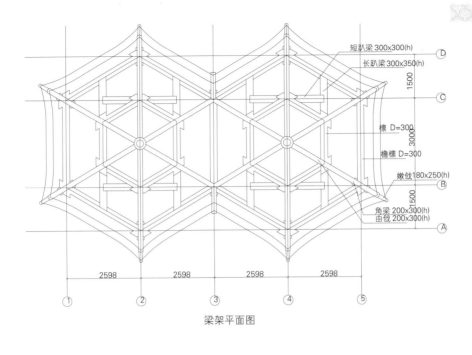

梁架平面图

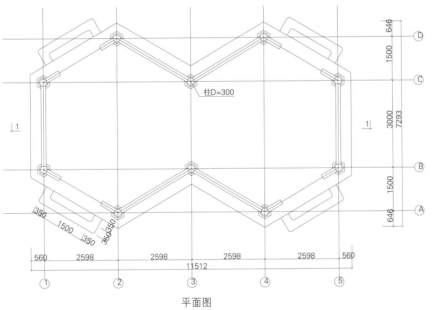

平面图

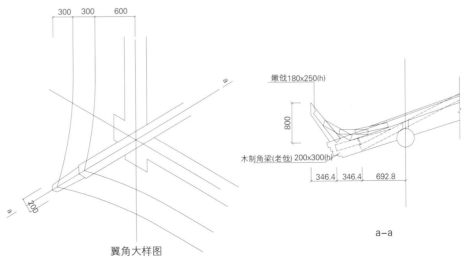

翼角大样图

a-a

# 亭子【3】多边亭

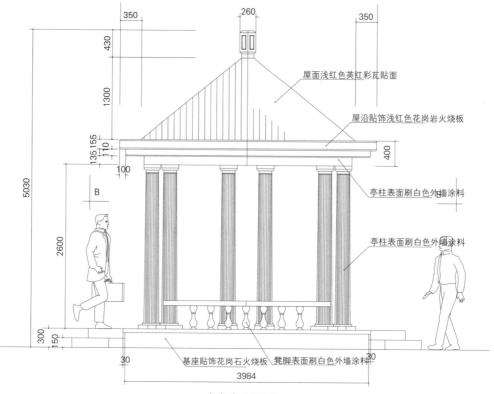

六角亭立面图

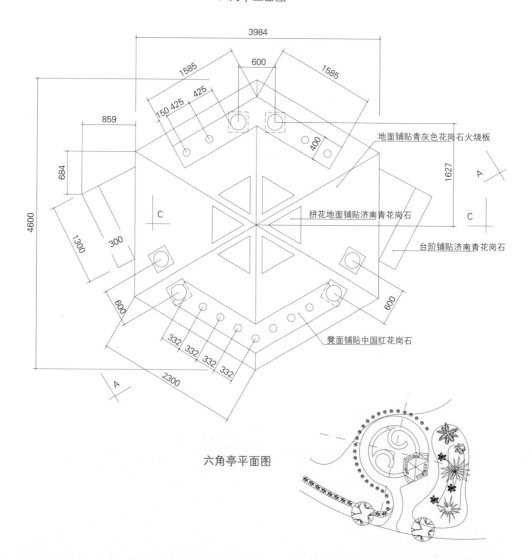

六角亭平面图

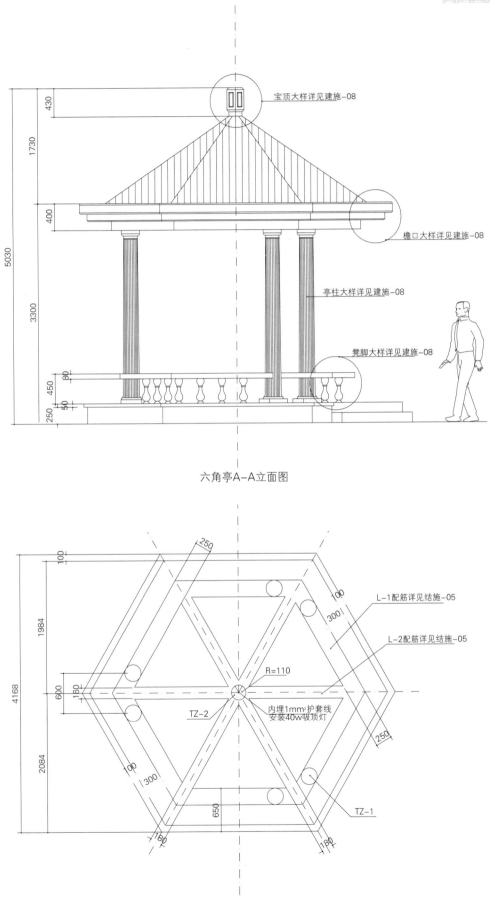

六角亭A-A立面图

六角亭B-B仰视图

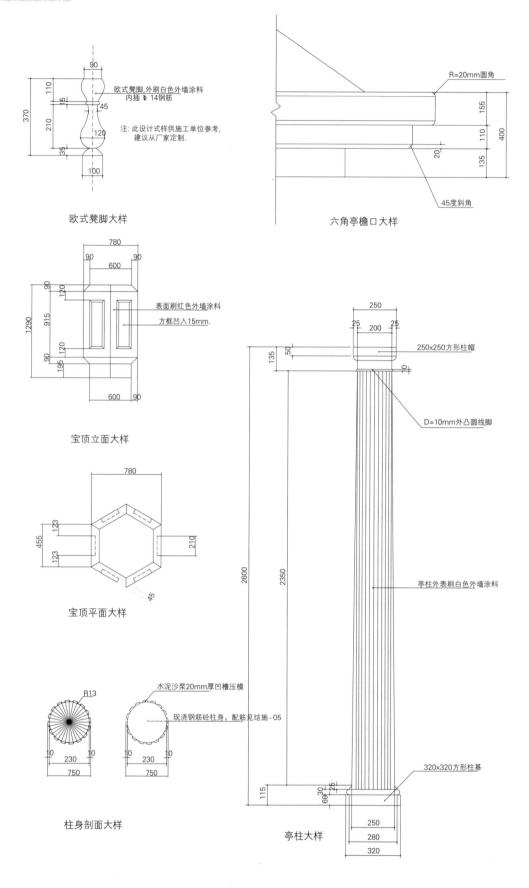

多边亭【3】亭子

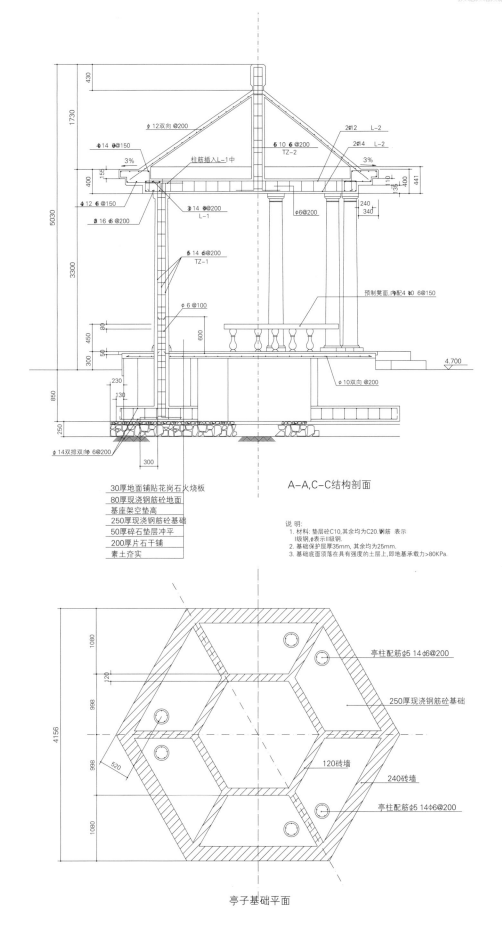

A-A,C-C结构剖面

说明：
1. 材料：垫层砼C10,其余均为C20。钢筋 表示I级钢，φ表示II级钢。
2. 基础保护层厚35mm,其余均为25mm。
3. 基础底面须落在具有强度的土层上，即地基承载力>80KPa。

亭子基础平面

# 亭子【3】多边亭

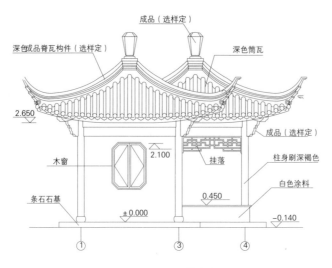

①-④轴立面

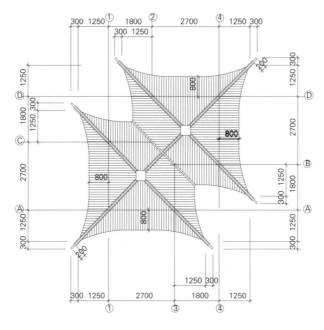

屋顶平面图

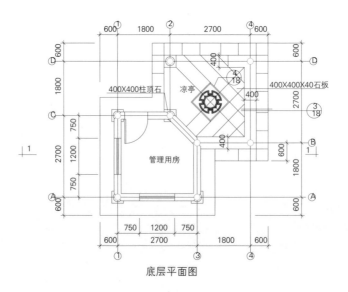

底层平面图

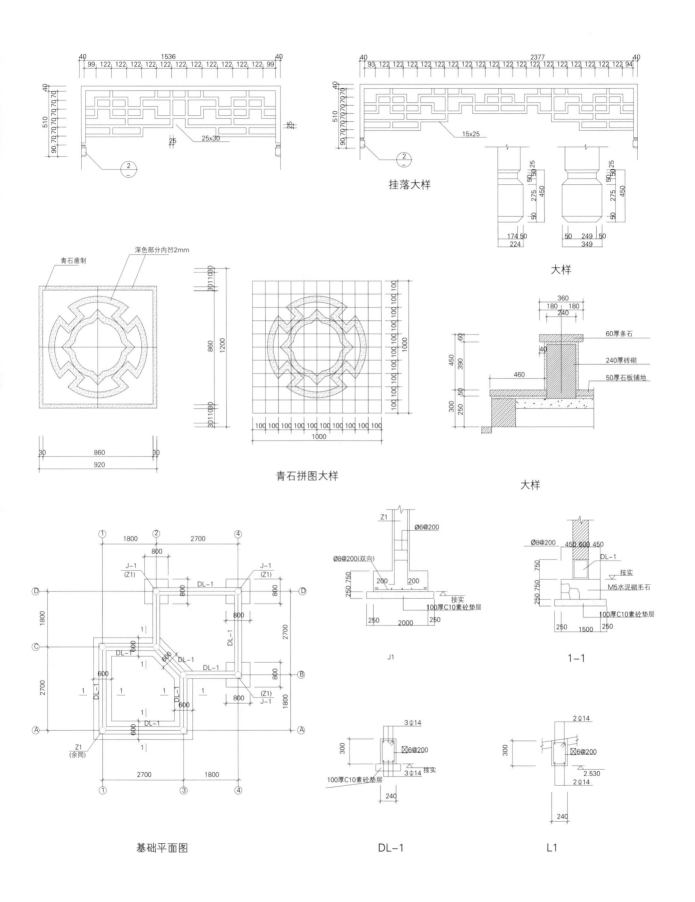

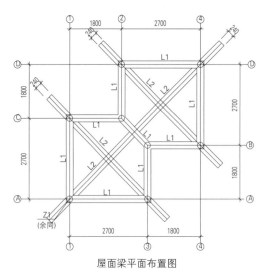

屋面梁平面布置图

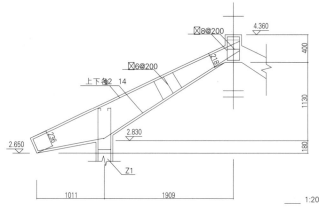

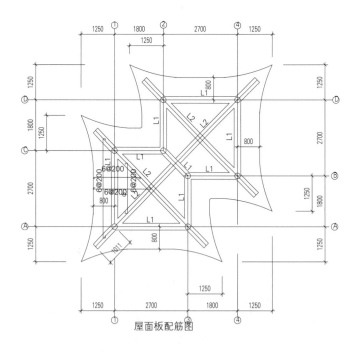

屋面板配筋图

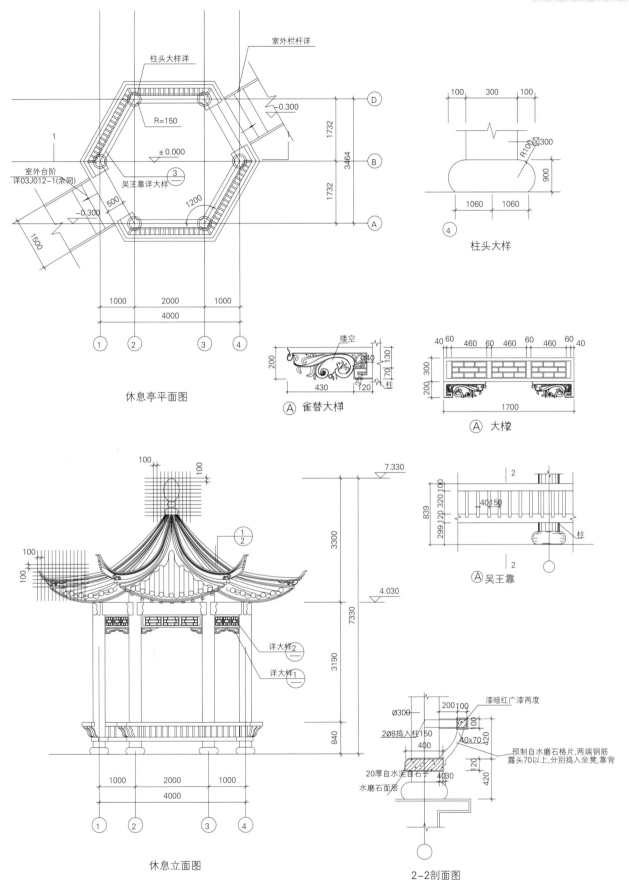

亭子【3】多边亭

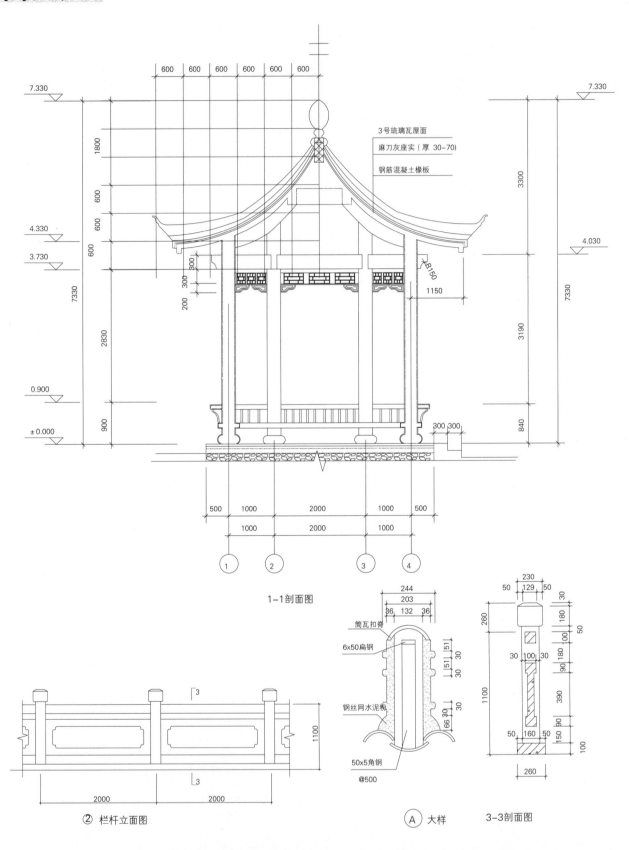

1-1剖面图

② 栏杆立面图

Ⓐ 大样

3-3剖面图

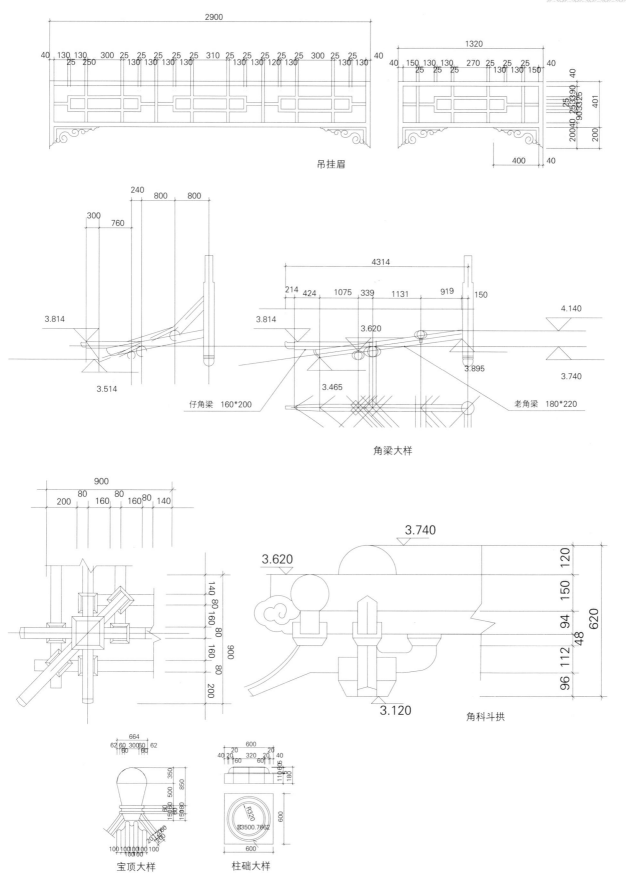

吊挂眉

角梁大样

角科斗拱

宝顶大样　　柱础大样

亭子【4】亭平面样式

252

亭平面样式【4】亭子

253

亭子【4】亭平面样式

254

亭平面样式【4】亭子

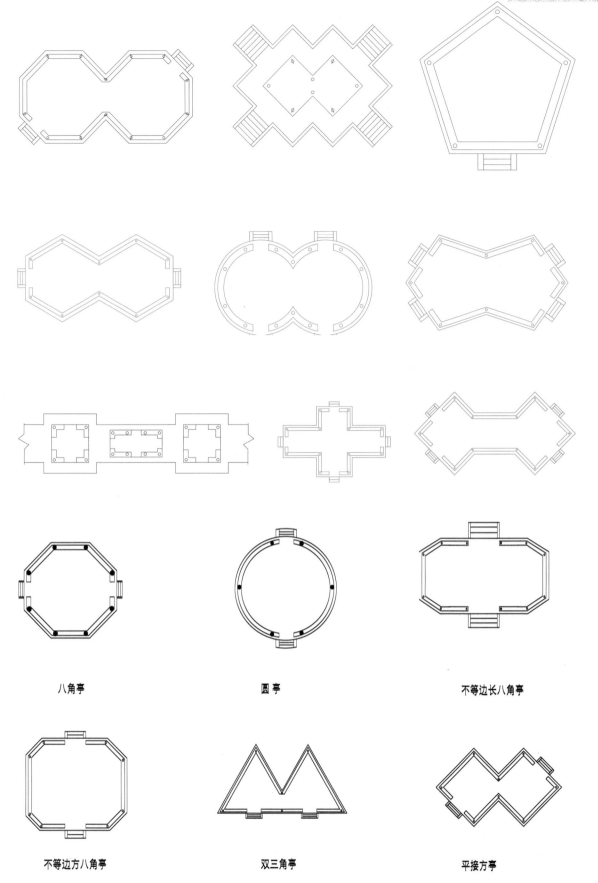

八角亭　　　　　　　　圆亭　　　　　　　　不等边长八角亭

不等边方八角亭　　　　双三角亭　　　　　　平接方亭

# 亭子【4】亭平面样式

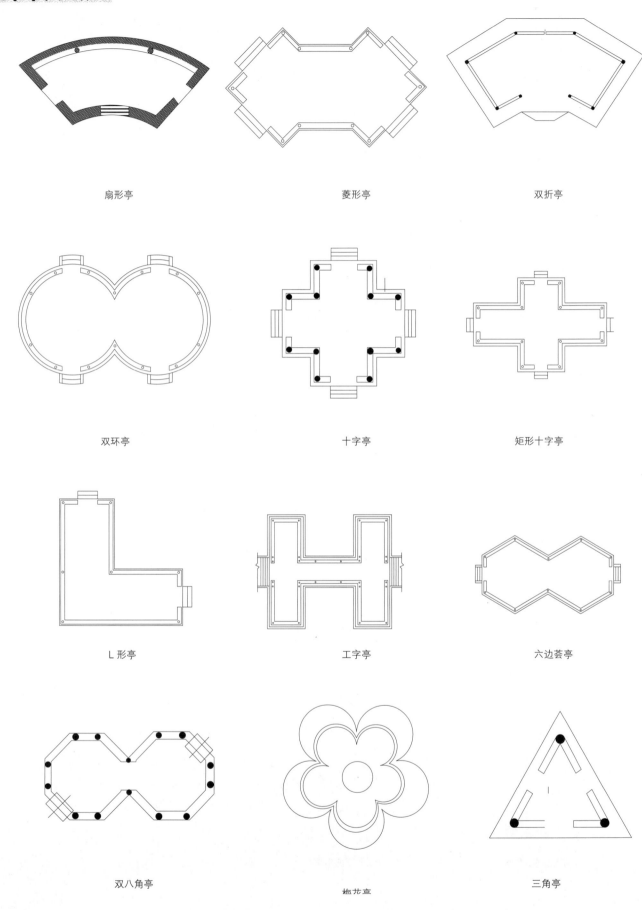

扇形亭　　　　　　　　菱形亭　　　　　　　　双折亭

双环亭　　　　　　　　十字亭　　　　　　　　矩形十字亭

L形亭　　　　　　　　工字亭　　　　　　　　六边荟亭

双八角亭　　　　　　　梅花亭　　　　　　　　三角亭

亭平面样式【4】亭子

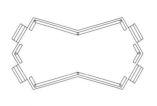

双五角亭

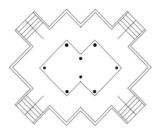

角接方亭

五角亭

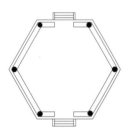

外廊六角亭

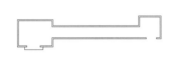

长亭

圆通亭

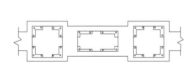

一字亭

十字花瓣亭

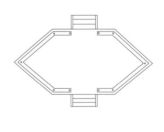

不等边六角亭

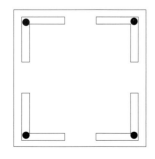

碑亭

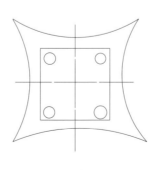

方亭

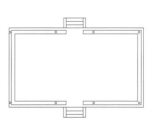

矩形亭

**中国古建筑名词表**

| | |
|---|---|
| 三角尖顶 | 两弧间形成的突起，特别指石造的哥德式窗花。 |
| 大乘佛教 | 相对于小乘佛教，得道度化层面较宽广的佛教。 |
| 女儿墙 | 矮墙，通常用于防御。 |
| 小乘佛教 | 在得道度化层面较狭隘的佛教。与大乘佛教相对。 |
| 山墙 | 斜屋顶的倾斜平面端构成的垂直三角部分。 |
| 升 | 小方块，多为木造，用在栱上来支撑梁。 |
| 反回文 | 波浪状装饰线条，上凸下凹。 |
| 天花 | 天花板或穹窿顶的装饰，为凹下的方格或多边形木片构成。 |
| 支柱 | 木制构件，通常用于支撑椽。 |
| 支架 | 突出的建筑构件，用于支撑。 |
| 支提 | 佛龛或是其他圣地、圣物。 |
| 支提窟 | 一种佛教佛龛，从会议厅演变而来。 |
| 斗 | 通常为木造方块，于柱子顶端，支撑上部构件。 |
| 斗栱 | 柱子顶端的斗与栱合称，支撑主梁。 |
| 火焰纹 | 由两个反回文线条顶端相接所构成的形状。 |
| 半圆壁龛 | 半圆或穹窿状空间，特别指位于庙宇一端的部分。 |
| 古典柱式结构 | 建筑部分正面直接位于柱头上，通常由支撑的阑额、装饰的壁缘以及突出的檐口构成。 |
| 台基 | 建筑下突出的平台。 |
| 平坐 | 廊台出于建筑主空间(通常为内部)的上层构造。 |
| 光塔 | 清真寺中的塔楼，用于呼唤回教徒做礼拜。 |
| 列柱 | 一整排间隔规律的柱子。 |
| 多柱式建筑 | 由多根间隔约略均等的柱子支撑屋顶的厅堂。 |
| 寺 | 佛教庙宇。 |
| 尖顶饰 | 山墙或是屋顶顶端的饰物。 |
| 曲面屋顶 | 由尾端弯曲的平面接合成的斜截头屋顶。 |
| 考工记 | 中国古代城市规划著述。 |
| 佛塔 | 楼阁形的塔，各层大小由下而上递减，每层都有装饰精美的屋檐。 |
| 材 | 依斗的宽度而定的测量单位。 |
| 赤陶土 | 一种用于塑像的建筑或装饰用陶土。 |
| 里 | 长度单位，一里约 500 米。 |
| 昂 | 斜出的梁桁。 |
| 枋 | 水平构件，位于如窗户或走道之上，或是连接两柱或两框架的构件。 |
| 泥笆墙 | 以竹或木条编墙，然后涂以草泥。 |
| 门厅 | 房屋入门前的院落；通往建筑的门廊；大堂邻接的空间。 |
| 亭 | 构造简单的建筑，通常形似帐篷，位于园林中。 |
| 城墙 | 土造防御工事，通常见于碉堡及要塞四周，多半附有石造女儿墙。 |
| 屋脊 | 斜面屋顶两面相接所形成的角度。 |
| 屋檐 | 屋顶的一部分，突出于外墙之外。 |
| 拱廊 | 一连串由柱子支撑的拱形结构，有时成对，上有遮盖，形成走道。 |
| 柱 | 梁柱结构中的垂直构件。 |
| 柱子 | 建筑垂直构件，通常横切面为圆形，功能为结构支撑或装饰，或兼而有之，包括柱础、柱身和柱头。 |
| 柱身 | 柱子圆柱状，从柱础到柱头间的部分。 |
| 柱廊 | 建筑有列柱的门廊。 |
| 柱头 | 柱子顶端部分，支撑古典柱式结构比柱身宽，通常会刻意加以修饰或装饰。 |
| 相轮 | 伞状穹顶或亭，有时作为佛塔顶端的塔刹。 |
| 祇 | 天意，自然的精灵。 |
| 浮雕 | 有凹凸的雕刻，依凿除部分多寡，分深刻与浅刻。 |
| 粉饰灰泥 | 灰泥的一种，专用于施加装饰处。 |

| | |
|---|---|
| 脊饰 | 装饰用的尖顶饰，通常位于墩、三角墙顶端或侧面。 |
| 轩 | 消暑的小屋，或是作为书房用的凉亭。 |
| 问廊 | 半圆形或多边形的拱廊或走道。 |
| 马赛克 | 以小片彩色瓦片或玻璃镶嵌成的装饰。 |
| 栱 | 雕刻成的突出横梁，通常为木质，位于斗之上，支撑主梁。 |
| 密教 | 与神秘仪式有关的佛教宗派。 |
| 密道 | 地下通道，通常位于柱廊下方。 |
| 斜截头屋顶 | 由两个倾斜平面构成的屋顶。接合部分为屋脊或是建筑最高的线条。 |
| 凉亭 | 位于观景点的开放式建筑，位于园林或是屋顶上。 |
| 清真寺 | 回教寺院，为回教意识型态的具体呈现。 |
| 喇嘛 | 藏传佛教的宗师或僧侣。 |
| 喇嘛寺 | 藏传佛教寺院的俗称。 |
| 喇嘛塔 | 藏传佛教墓塔，通常为瓶状。 |
| 棋盘花纹 | 以小块个体镶嵌成的棋盘状表面，如马赛克。 |
| 菩萨 | 佛的前身，有悲悯之心的灵体。 |
| 开间 | 量度中国建筑内部空间的标准单位。 |
| 园 | 花园或庭院。 |
| 冢 | 古代埋葬用的土丘。 |
| 暗层 | 夹层，通常位于一楼与二楼之间。 |
| 殿 | 高大的厅堂，用于举行庆典或宗教仪式。 |
| 碑 | 直立石造标记，以墓碑最常见，呈柱状或板状，上有雕饰或题字。 |
| 经 | 佛教神圣文字。 |
| 道 | 自然隐藏的力量。 |
| 椽 | 屋顶的木件，通常由屋檐边缘斜铺而下，支撑表层屋顶。 |
| 榭 | 凉亭或轩。 |
| 墩 | 长方形的基础；柱子或墙基部的支撑。 |
| 德 | 儒家的理想品行。 |
| 椁 | 石造外棺，通常装饰精美。 |
| 梁 | 如梁柱结构中的水平构件。 |
| 梁柱结构 | 依靠直线条的柱与梁支撑的结构。 |
| 闾里 | 城镇中有围墙的住宅区。 |
| 壁缘 | 古典柱式建筑的中间构件，位于阑额之上，檐口之下副阶 宋称，殿阁等个体建筑周围环绕的廊子（形成重檐屋顶），称为副阶。 |
| 间 | 四柱之间的空间或两榀梁架之间的空间（一般指第二种），若两排柱子很近则其中间部分称之为出廊（周围廊，前后廊，前出廊，不出廊四种）。 |
| 卷杀 | 对木构件曲线轮廓的一种加工方法。 |
| 伏脊木 | 被脊固定于脊桁上，截面为六角形，在伏脊木两侧朝下的斜面上开椽窝以插脑椽。伏脊木仅在明清才出现的（唐宋时期没有），且仅用于大式建筑中。 |
| 合角吻 | 重檐建筑的下檐槫（tuan）脊或屋顶转角处的装饰兽。 |
| 螭首 | ①传说中的怪兽，用于建筑屋顶的装饰，是套兽采用的主要形式。②古代彝器，碑额，庭柱，殿阶上及印章上的螭龙头像。 |
| 经幢 | ①刻有佛的名字或经咒的石柱子，柱身多为六角形或圆形（现代汉语词典）；②在八角形的石柱上刻经文（陀罗尼经），用以宣扬佛法的纪念性建筑物。始见于唐，到宋辽时颇有发展，以后又少见。一般由基座，幢身，幢顶三部分组成。 |
| 覆盆 | 柱础的露明部分加工成外凸的束线线脚，如盆覆盖。 |
| 垂带踏跺 | 高等级建筑的台阶做法，其正面轴线上称正阶踏跺，两旁称垂手踏跺，侧面称抄手踏跺。 |
| 角柱石 | 立在台基角部，其间砌陡陡板石与角柱齐平，上盖阶条石，下部为土衬石。 |

| | |
|---|---|
| 柱顶石 | 下衬磉墩，上附柱础，长为两倍的柱径，厚为柱径。 |
| 垂带石 | 在垂带踏跺两旁，其中线与明间檐柱中线重合，尺寸同阶条石，清代不砌象眼。 |
| 象眼石 | 清代用三角石砌成的垂带石侧面。 |
| 砚窝石 | 埋在台阶底下，用以抵抗台阶推力。 |
| 须弥座 | 高级建筑的台基。源于佛座，由多层砖石构件叠埋而成，一般多用于宫殿，庙宇等重要建筑物上。 |
| 抱鼓石 | 用于石栏结束处，阻住栏杆不使它掉下来。另为优美形象，作为栏杆尽端处理。 |
| 步架 | 檩与檩之间的距离称为步架，一般情况下一步架为22斗口。 |
| 檐 | 不过步指从挑檐檩到檐端的距离小于一步架（22斗口）。 |
| 举折法 | 宋代建筑屋顶构架的做法，求得的屋面由若干折线构成。 |
| 举架法 | 清代大屋顶的构架做法，其举高通过步架求得。殿。有单檐，重檐两种，单檐又称五脊殿。 |
| 歇山 | 中国古代建筑中等级仅次于庑殿的屋顶样式，形式上看是两坡顶加周围廊的结果。宋称九脊殿，有单檐，重檐，卷棚等形式。 |
| 如意踏步 | 是不用垂带石，只用踏跺的做法，形式比较自由。 |
| 叉柱造 | 将上层檐柱底部十字开口，插在平座柱上的斗拱内，而平座柱又插在下檐柱斗拱上，但向内退半柱径。 |
| 缠柱造 | 它是在下层柱端增加一根斜梁，将上层柱立于此梁上。在结构上和外观上都比较妥善。但需增加梁，角部每面还要增加一组斗拱——附斛（音胡 hu）。 |
| 圭角 | 清式须弥座的最下层部分，整个高度分51份，圭角高度为51份。 |
| 墀（chi）头 | 山墙的侧面（即建筑的正立面方向）在连檐与拔檐砖之间嵌放一块雕刻花纹或人物的戗脊砖。称为墀头。 |
| 霸王拳 | 额枋在角柱处出头的一种艺术处理式样。清代老角梁头也作成霸王拳式样。 |
| 雀台 | 飞檐椽头钉连檐及瓦口，钉时连檐需距椽头半斗口，称为雀台。 |
| 槅扇 | 用以隔断，带槅扇门的可做建筑的外门，槅扇由边梃和抹头组成，大致划分为花心（槅心）和裙版两部。 |
| 花心 | 是透光通气的部分55，戗脊：歇山顶上连接两坡厦宇的脊称戗脊。 |
| 九脊顶 | 歇山顶的宋唐说法，是两坡顶加周围廊的结果，它由正脊，四条垂脊，四条戗脊组成，故称九脊殿。 |
| 双杪双下昂 | 双杪即出两个华拱，双下昂即设两个下昂（元代以后柱头铺作不用真昂，至清代，带下昂的平身科又转化为溜金斗拱的做法，原来斜昂的结构作用丧失殆尽）。 |
| ６０，平水： | 是指未进行建筑施工之前，先决定一个高度标准，然后根据这个高度标准决定所有建筑物的标高。这样一个高度标准就是古建施工中的"平水"。平水不但决定整个建筑群的高度，也决定着台基的实际高度。 |
| ６１，斗拱： | 中国古建筑中用以连结柱，梁，桁，枋的一种独特构件。斗拱是我国木构架建筑特有的结构构件，由方形的斗升和矩形的拱以及斜的昂组成。在结构上挑出承重，并将屋面的大面积荷载传到柱上。 |
| 斗拱的作用： | ①增加承托的作用。②增加挤压面（原始作用）。③撑跳檐檩。以上两点是斗拱的最基本的功能。④防雨，早期为夯土墙，怕水冲，但挑檐长度有限，只好再置一檩，以增其长。⑤抗震，纯靠榫（音sun）卯结构，在外力不大时是刚性的，外力大时是可活动的，抵消了地震所产生的能量。⑥装饰作用。⑦等级标志，明清结构作用已渐消失，成了纯粹的装饰，等级的标志。⑧模数作用。斗拱一般使用在高级的官式建筑上，大体分为外檐斗拱和内檐两类。从具体部位分为柱头斗拱，柱间斗拱，转角斗拱。 |
| ６２，罩： | 用于室内，用硬木浮雕或透雕成图案，在室内起隔断作用和装饰作用。 |
| ６３，一整两破： | 旋子彩画中藻头部分的图案的一种形式。具体表现为一个整圆和两个半圆，以抽象的牡丹花——旋子为母题。是旋子彩画的基本形式，藻头由短至长形式为①勾丝绕（3份）②喜相逢（4份）③一整两破（6份）④一整两破加一路（7份）⑤一整两破加金道冠（7．5份）⑥一整两破加二路（8份）⑦一整两破加勾丝绕（9份）⑧一整两破加喜相逢（10份） |
| ６４，楣子： | 苏式彩画中，撩檐枋下部的透件。花牙子：位于楣子下部，代替雀替的透空构件。 |
| ６５，礓嚓（应为足字旁）： | 在斜道上用砖石露挂侧砌，可以防滑，用于室外，６６，雀替：位于梁枋下与柱相交处连接体之间的短木，减少梁枋净跨。作用：增加挤压面，减小净距，艺术上的过渡。 |
| ６７，栌斗 | 斗拱的最下层，重量集中处最大的拱。 |
| 华拱： | 宋式的一种拱的名称，垂直于立面，向内外挑出的拱。 |
| 下昂： | 斗拱中斜置的构件，起杠杆作用。华拱以下，向外斜下方伸出者，出栌斗左右的第一层横拱。 |
| 泥道拱： | 栌斗口内与华拱相交者，最下方的横拱（宋称）。最外跳在挑檐檩下，最内跳的单层横拱。 |
| 令拱： | 每一跳的跳头，单层横拱。 |

| | |
|---|---|
| 双层斗拱： | 分别叫瓜子拱（下方短粗），慢拱（上方细长）。（宋） |
| 交互斗： | 为于横拱与华拱相交处，承托横拱和华拱传来的双向合力的拱。 |
| 齐心斗： | 在华拱或横拱正中承托上一层拱正中的斗。在令拱上方中心，承托枋传来的力的斗。一般有两个。 |
| 耍头： | 最上一层拱或昂之上，与令拱相交而向外伸出如蚂蚱头状者。 |
| 柱头枋： | 在各跳横拱上均施横枋，在柱心中心上的枋。（正心枋——清） |
| 撩檐枋： | 在令拱上的枋，最外部。（宋）（挑檐枋） |
| 平棊枋： | 最内部令拱上的枋。（井口枋——清） |
| 罗汉枋： | 在内外跳慢拱上者。（拽枋——清）宋用来表示斗拱出跳。 |
| 铺作： | 斗拱的出跳，1跳＝4铺作。 |
| 计心造： | 在一跳上置横拱的做法。 |
| 偷心造： | 在一跳上不置横拱的做法。 |
| 插拱： | 全部都是偷心造的做法。 |

68，清斗拱称谓，坐斗：最大的又称大斗，位于一组斗拱最下的构件。

| | |
|---|---|
| 十八斗： | 除了大斗以外的斗都是十八斗。 |
| 槽升子： | 正心拱（正心瓜拱及正心万拱）两端的升，这种升的外侧有槽以固定拱垫板。早期两朵斗拱之间用泥土来封护，明清采用木板——拱垫板来封，所以早期没有槽升子，封护是为了防止鸟，虫飞入建筑内。 |
| 三才升： | 除了槽升子，其他的升都是三才升。另，对宋来说，除了齐心斗（一朵仅一枚）其余的"升"都是散斗。 |

69，单槽/双槽/分心槽：以内柱将平面划分为大小不等的两区／三区。用中柱一列将平面等分。

70，斗口：坐斗正面的槽口叫斗口，在清代作为衡量建筑尺度的标准，即清代模数制。

71，穿斗式构架：①又称立帖式。②这是用柱距较密，柱径较细的落地柱与短柱直接承檩，柱间不施梁而用若干穿枋联系，并以挑枋承托出檐。③这种结构在我国南方使用普遍，优点是用料较小，山面抗风性能好；缺点是室内柱密而空间不开阔。④因此，它有时和叠梁式构架混合使用。适用不同地势，基本构件，柱檩穿挑。

72，抬梁式构架：①（叠梁式）是一种梁架结构体系，水平构件为梁，垂直的为柱，梁是受弯构件，靠自重稳定建筑。②就是在屋基上立柱，柱上支梁，梁上放短柱，其上在置梁。梁的两端并承檩；如是层叠而上，在最上的梁中央放脊瓜柱的承脊檩。③这种结构在我国应用很广，多用于官式和北方民间建筑，特别北方更是如此。优点是室内少柱或无柱，可获得较大的空间；缺点是柱梁等用材较大，消耗木材较多。④重要建筑则用斗拱承载出挑。主要构件，梁，柱，檩，枋。

73，井干式：将木材层层相叠，既是围护结构，又是承重结构。

74，干阑式：西双版纳的傣族村寨为了避免贴地潮湿，使楼面通风，防避虫兽侵害，防洪排涝，随形就势等原因。形成了一种上下两层的建筑，上层住人，下层喂养牲畜。

75，云南一颗印：云南高原地区，四季如春，无严寒，多风。故住房墙厚重。最常见的形式是毗连式三间四耳，即子房三间，耳房东西各两间。子房常为楼房（由于山区，地方小，潮湿），为节用用地，改善房间的气候，促成阴凉，采用了小天井。一颗印住宅高墙型小窗是为了挡风沙和防火，住宅地盘方整，外观方整，当地称"一颗印"。

76，圜丘：位于北京天坛的轴线上，祈年殿往南。坛三层，上层径26米余，底层径55米。天为阳性，故此一切尺寸，石　　料件数均须阳数。圜丘四周绕以圆形平面和方形平面的墙（音陪pei）墙各一重，高度甚低，不过一米余；墙墙　　内空阔不植树，墙墙外森林茂密，用以扩大形象来表现崇天。

77，祈年殿：它的形制，原是天地合祀时的大祀殿；平面正圆形，上为三重檐圆形攒尖顶，外檐柱12根，内檐柱12根，象征十二时辰和二十四节气，同时井口柱4根，象征四季，与内外檐柱和起象征二十八星宿。祈年殿立于三层汉白玉须弥座台基上（底层径约90米），柱枋隔扇为朱红色，上为三重青（蓝）色琉璃瓦檐，顶尖以鎏金宝顶结束，檐下彩绘金碧辉煌；整个建筑色调纯净，造型典雅。祈年殿用台基提高，用矮墙来扩大形象，表现崇天的境界。

７８，应县木塔（佛宫寺释伽塔）：

位于山西应县，又称应州塔，建于辽清宁二年（公元１０５６年），它位于寺南北中轴线上的山门与大殿之间，塔建在方形及八角形的二层砖台基上，塔身也是八角形，底径３０米，高九层６７。３１米（外观５层，暗层四层）。塔身的收分合理，暗层用来结构处理以加固塔身，使其在经过数次地震，仍安然无恙。是世界现存木塔中最高的，也是我国仅存两个木塔之一，是现存最早的木塔。

７９，装修：①宋代称小木作指装修，装修为外檐装修和内檐装修两类。②外檐装修指内部空间和外部空间的分隔物，门，窗栏杆等。③内檐装修指内部空间和内部空间的隔断，如罩，博古架，天花板等。④装修多元功能：a。流通与防护的双向功能 b。组织室内空间的基本手段 c。性格的渲染要素。装修的特点是作承重构件，有很强的装饰性。但不同于装饰。

８０，太和殿：明代原为重檐庑殿九间殿，清代改为十一间。它和明长陵祾恩殿并列为我国现存最大的木构建筑。太和殿体量宏伟，造型庄重，具备故宫主殿应有的崇高庄严的形象。太和殿一切构件规格均属最高级。太和殿用于最高级隆重的仪式：皇帝登基，皇帝生日，冬至朝会，大年初一，颁诏等。不仅殿前有宽阔的月台，而且还有面积达三万多平方米的广场，可容万人的聚集和陈列各色仪仗陈设。皇宫一律用黄琉璃瓦，是明代开始的规矩，使总体效果更加突出。

８１，佛光寺大殿：①位于山西五台山，大殿建于唐（公元８５７年）。②面阔七开间（等开间），进深八架椽（四间），单檐四阿殿，屋面坡度较平缓，举方约１/４。７７。③正脊和檐口都有升起曲线，有侧脚，采用了叉手和托脚，屋面筒瓦虽然是后代铺作，但鸱（音吃 chi）尾式样及叠瓦脊仍尊旧制，无仙人走兽。④柱高与开间的比例略呈方形，斗拱高度约为柱高的１/２。⑤粗壮的柱身肥。

## 官式等级

1 殿顶　　宫殿、房舍的顶部，是整座建筑物暴露最多、最为醒目的地方，也是等级观念最强之处。清朝把《工程做法则例》中规定的27种房屋规格，纳入《大清会典》，作为法律等级制度固定下来。本节择有典型意义的几种殿顶介绍于后：

重檐庑殿顶　　这种顶式是清代所有殿顶中最高等级。庑殿顶又叫四阿顶，是"四出水"的五脊四坡式，又叫五脊殿。这种殿顶构成的殿宇平面呈矩形，面宽大于进深，前后两坡相交处是正脊，左右两坡有四条垂脊，分别交于正脊的一端。重檐庑殿顶，是在庑殿顶之下，又有短檐，四角各有一条短垂脊，共九脊。现存的古建筑物中，如太和殿、长陵祾恩殿即此种殿顶。

重檐歇山顶　　歇山顶亦叫九脊殿。除正脊、垂脊外，还有四条戗脊。正脊的前后两坡是整坡，左右两坡是半坡。重檐歇山顶的第二檐与庑殿顶的第二檐基本相同。整座建筑物造型富丽堂皇。在等级上仅次于重檐庑殿顶。目前的古建筑中如天安门、太和门、保和殿、乾清宫等均为此种形式。

单檐庑殿顶　　其外形即重檐庑殿顶的上半部，是标准的五脊殿，四阿顶。故宫中配庑的主殿，如体仁阁，弘义阁等均是。

单檐歇山顶　　其外形一如重檐歇山顶的上半部。配殿的大部分是这种顶式，如故宫中的东、西六宫的殿宇等。

悬山顶　　悬山顶是两坡出水的殿顶，五脊二坡。两侧的山墙凹进殿顶，使顶上的檩端伸出墙外，钉以搏风板。此种殿顶，用处不少，如神橱、神库中的房屋等。

硬山顶　　硬山顶亦是五脊二坡的殿顶，与悬山顶不同之处在于，两侧山墙从下到上把檩头全部封住，宫墙中两庑殿房以此顶为多。

攒尖顶　　攒尖顶有多种形式，且易辨认。无论什么形式，顶部都有一个集中点，即宝顶。攒尖顶有四角、六角和圆形之分。角式攒尖顶有与其角数相同的垂脊，圆攒尖顶则由竹节瓦逐渐收小，故无垂脊。故宫中和殿、天坛祈年殿属攒尖顶。

| 顶 | 顶亦分多角，但垂脊上端有横脊，横脊的数目与角数相同。各条横脊首尾相连，故亦称圈脊，如故宫御花园及太庙中的井亭即是六角顶。 |

| 卷棚顶 | 卷棚顶的最明显的标志是没有外露的主脊，两坡出水的瓦陇一脉相通。左右两山墙可有悬山和硬山的不同。此种建筑，园林中居多。宫殿建筑群中，太监、佣人等居住的边房，多为此顶。官式殿顶，多以上述形式为基础，然后派生或融合出其他形式。 |

| 2 吻兽 | 殿宇屋顶的吻兽，是一种装饰性建筑构件，在封建社会中，构件的造型与安装位置，都被蒙上迷信色彩。《唐会要》中记载，汉代的柏梁殿上已有"鱼虬尾似鸱"一类的东西，其作用有"避火"之意。

晋代之后的记载中，出现"鸱尾"一词。中唐之后，"尾"字变成"吻"字，故又称为鸱吻，官式建筑殿宇屋顶上的正脊和垂脊上，各有不同形状和名称的吻兽，以其形状之大小和数目之多少，代表殿宇等级之高低。 |

| ①大吻（正脊吻） | 大吻，即殿宇顶上正脊两端的吻兽，一般是龙头形，张大口衔住脊端，故又称吞脊兽。目前我国最大的吞脊兽，在故宫太和殿的殿顶上。太和殿的大吻，由13块琉璃件构成，总高3.4米，重4.3吨，是我国明清时代宫殿正脊吻的典型作品。 |

| ②垂脊吻 | 殿宇顶上除正脊外，还有垂脊。垂脊上的吻兽名称较多，除叫垂脊吻外，还叫屋脊走兽，檐角走兽，仙人走兽等。檐角最前面的一个叫"骑凤仙人"，也叫"仙人骑鸡"。它的作用是固定垂脊下端第一块瓦件。在未形成"仙人骑鸡"这一造型之前，是用一个大长钉来固定的。

从"仙人骑鸡"向后上方排列着若干小兽，均称垂脊兽，随着殿宇等级的不同而数目不一。最高等级的殿宇，如太和殿，垂脊兽的数目最多，有11个。殿顶降级，垂脊兽的数目也随之减少。如乾清宫9个，坤宁宫7个，东西六宫的殿顶上大部是5个。每个垂脊兽都有自己的名称和含意。它们从前面向后上方依次排列的顺序是：

龙：古代传说中的一种神奇动物，有鳞有须有爪，能兴云作雨，在封建社会被看作是皇帝的象征。

凤：古代传说中的鸟王，雄的叫凤，雌的叫凰，通称凤。是封建时代吉瑞的象征，亦是皇后的代称。

狮：古代人们认为它是兽中之王，是威武的象征。

天马：意为神马。汉朝时，对来自西域良马的统称。

海马：亦叫落龙子，海龙科动物，可入中药。天马和海马象征着皇家的威德可通天入海。

狻猊：古代传说中能食虎豹的猛兽，亦是威武百兽率从之意。

押鱼：海中异兽，亦可兴云作雨。

獬豸：传说中能辨别是非曲直的一种独角猛兽。是皇帝"正大光明"、"清平公正"的象征。

斗牛：亦叫蚪牛，是古代传说中的一种龙，即虬、螭之类。虬有独角，螭无角。

行什：一种带翅膀猴面孔的人像，是压尾兽。

垂脊兽的递减从后面的"行什"开始 |

| 3 彩绘 | 彩绘是我国古典建筑不可缺少的一个组成部分。它同样具有悠久的历史，形成了一种特有的建筑装饰艺术。

檩枋部位名称 |
| 枋心： | 檩枋中心，可随檩枋本身的长短而增减，但其长度以不影响谐调感为宜。 |
| 找头： | 是指檩端至枋心的中间部位，由找头本身、皮条线、盒子、箍头等部分组成。如檩枋较长，找头部分可延长，皮条线沿边用双线，加箍头、盒子等。 |
| 箍头： | 是檩枋尽端处的彩绘线。盒子：是找头部分的一段小空间。 |
| 皮条线： | 是五大线之一，亦是组成找头的一个部分。 |

**种类和等级**

①和玺彩绘　　和玺彩绘是彩绘等级中的最高级，用于宫殿、坛庙等大建筑物的主殿。梁枋上的各个部位是用"　"线条
　　　　　　　分开。主要线条全部沥粉贴金。金线一侧衬白粉或加晕。用青、绿、红三种底色衬托金色，看起来非常华贵。
　　　　　　　和玺彩绘分为数级，重点有：

金龙和玺：　　整组图案用各种姿态的龙为主要内容。枋心是二龙戏珠，找头中青地画升龙(龙头向上)，绿地画降龙(头
　　　　　　　向下)。盒子中 画坐龙。如果找头较长，可画双龙。除龙之外，再衬以云气、火焰等图案，具有强烈的神威气氛。

龙凤和玺：　　其级别低于金龙和玺，枋心、找头、盒子等主要部位由龙凤二种图案组成。一般是青地画龙，绿地画凤。图案中亦有双龙
　　　　　　　或双凤。龙凤和玺中有"龙凤呈祥"、"双凤昭富"等名称。

龙草和玺：　　其级别低于龙凤和玺，主要由龙和大草构图组成。绿地画龙，红地画草。大草图案配以"法轮"，又称"法轮吉祥草"，简
　　　　　　　称"轱辘草"。

②旋子彩绘　　在等级上次于和玺彩绘，在构图上有明显区别，但也可以根据不同要求做得很华贵或很素雅。这种彩绘用途广，一般官
　　　　　　　衙、庙宇、牌楼和园林中都采用。

旋花：　　　　是构成旋子彩绘的主要图案，在找头内用旋涡状的几何图形构成一组圆形的花纹图案。

旋眼：　　　　旋花的中心。

旋瓣：　　　　旋子花圈由三层组成，最外一层为一路瓣，依次是二路和三路瓣，一般找头内，由一个整圆的旋子图案和二个半圆
　　　　　　　旋子组成一个单元图案，俗称："一整两破"。

头部位经常出现的图案：
　　　　　　　找头部位大于"一整两破"的面积时采用"一整两破加金道冠"和"一整两破加两道"等形式。找头部位小于"一整两破"单
　　　　　　　元图案时，采用"喜相逢"即整旋花与半旋花，公用一路瓣。"勾丝咬"，即只用一路瓣组成图案。"四分之一旋子"，即只
　　　　　　　用两个半旋花的一半。旋子彩绘中的等级：

金琢墨石碾玉：这种是旋子彩绘中的最高级，各大线及各路瓣都沥粉贴金，相当华贵。

烟琢墨石碾玉：是次一级旋子彩绘，图案中"五大线"贴金，各路瓣用墨线。
　　　　　　　旋子彩绘中的等级，基本上以用金量的多少为依据。其等级依次为金线大点金，墨线大点金，金线小点金，墨线小点金，
　　　　　　　雅伍墨，雄黄玉等。

③苏式彩绘　　苏式彩绘是另一种风格的彩绘，多用于园林和住宅。最近修饰复古的琉璃厂街道的铺面，多用这种彩绘。苏式彩绘除了有
　　　　　　　生动活泼的图案外，"包袱"内还有人物、故事、山水等。颐和园中的长廊，可以说是苏式彩绘的展览画廊。
　　　　　　　典型的苏式彩绘是将檩枋联在一起，画成半圆形的"包袱"，内层"烟云"，外层"托子"。

金琢墨苏画：　这是苏式彩绘中最华丽的一种，用金量大，包袱内的画面很精致。

金线苏画：　　这是一种常用的苏式彩绘，主要线条用贴金法。其他还有海漫苏画等。这些苏画内均无大型包袱，花型、图案等也较简单。

④其他　　　　古典建筑的形式多种多样，部位很多，凡外露部位的木结构，大都有彩绘装饰。于是形成了不同形式和风格的彩绘，如斗
　　　　　　　拱、天花、角梁、金瓶、椽头等。